品質機能展開(QFD)の基礎と活用

製品開発情報の連鎖と
その見える化

一般社団法人 日本品質管理学会 監修
永井　一志　著

日本規格協会

JSQC選書
JAPANESE SOCIETY FOR
QUALITY CONTROL

28

JSQC 選書刊行特別委員会
(50音順,敬称略,所属は発行時)

委員長	飯塚　悦功	東京大学名誉教授
委　員	岩崎日出男	近畿大学名誉教授
	長田　　洋	東京工業大学名誉教授
	久保田洋志	広島工業大学名誉教授
	鈴木　和幸	電気通信大学大学院情報理工学研究科情報学専攻
	鈴木　秀男	慶應義塾大学理工学部管理工学科
	田中　健次	電気通信大学大学院情報理工学研究科情報学専攻
	田村　泰彦	株式会社構造化知識研究所
	水流　聡子	東京大学大学院工学系研究科化学システム工学専攻
	中條　武志	中央大学理工学部経営システム工学科
	永田　　靖	早稲田大学理工学術院創造理工学部経営システム工学科
	宮村　鐵夫	中央大学理工学部経営システム工学科
	棟近　雅彦	早稲田大学理工学術院創造理工学部経営システム工学科
	山田　　秀	慶應義塾大学理工学部管理工学科
	藤本　眞男	一般財団法人日本規格協会

●執筆者●

永井　一志　玉川大学経営学部国際経営学科

発刊に寄せて

　日本の国際競争力は，BRICsなどの目覚しい発展の中にあって，停滞気味である．また近年，社会の安全・安心を脅かす企業の不祥事や重大事故の多発が大きな社会問題となっている．背景には短期的な業績思考，過度な価格競争によるコスト削減偏重のものづくりやサービスの提供といった経営のあり方や，また，経営者の倫理観の欠如によるところが根底にあろう．

　ものづくりサイドから見れば，商品ライフサイクルの短命化と新製品開発競争，採用技術の高度化・複合化・融合化や，一方で進展する雇用形態の変化等の環境下，それらに対応する技術開発や技術の伝承，そして品質管理のあり方等の問題が顕在化してきていることは確かである．

　日本の国際競争力強化は，ものづくり強化にかかっている．それは，"品質立国"を再生復活させること，すなわち"品質"世界一の日本ブランドを復活させることである．これは市場・経済のグローバル化のもとに，単に現在のグローバル企業だけの課題ではなく，国内型企業にも求められるものであり，またものづくり企業のみならず広義のサービス産業全体にも求められるものである．

　これらの状況を認識し，日本の総合力を最大活用する意味で，産官学連携を強化し，広義の"品質の確保"，"品質の展開"，"品質の創造"及びそのための"人の育成"，"経営システムの革新"が求められる．

"品質の確保"はいうまでもなく，顧客及び社会に約束した質と価値を守り，安全と安心を保証することである．また"品質の展開"は，ものづくり企業で展開し実績のある品質の確保に関する考え方，理論，ツール，マネジメントシステムなどの他産業への展開であり，全産業の国際競争力を底上げするものである．そして"品質の創造"とは，顧客や社会への新しい価値の開発とその提供であり，さらなる国際競争力の強化を図ることである．これらは数年前，(社)日本品質管理学会の会長在任中に策定した中期計画の基本方針でもある．産官学が連携して知恵を出し合い，実践して，新たな価値を作り出していくことが今ほど求められる時代はないと考える．

ここに，(社)日本品質管理学会が，この趣旨に準じて『JSQC選書』シリーズを出していく意義は誠に大きい．"品質立国"再構築によって，国際競争力強化を目指す日本全体にとって，『JSQC選書』シリーズが広くお役立ちできることを期待したい．

2008年9月1日

社団法人経済同友会代表幹事
株式会社リコー代表取締役会長執行役員
(元 社団法人日本品質管理学会会長)

桜井　正光

まえがき

　ここ数年，品質機能展開研修の事前学習用に読む書籍を紹介してほしいと相談を受ける機会が増えた．平易に書かれていると思われる書籍を推薦したが，いずれも難しいとの感想であった．品質機能展開の解説に用いられる用語が特殊であり，なかなか頭に入らないといったご意見や，品質機能展開の周辺知識を有していないと十分な理解に至らないといった感想をいただいた．

　あるときに会社の方から「あなたが研修で講義をする品質機能展開概論の内容を本にしたらどうか」とご提案をいただいたが，浅学非才の者が本を書くなどおそれ多いとそのときは笑い話にした．しかし，自分が講義している内容を何かの折にまとめておくのも必要と考えた．偶然とは奇妙なもので，そのようなときにJSQC選書刊行特別委員会の飯塚悦功先生，中條武志先生からJSQC選書執筆のチャンスをいただいた．とてもありがたいお話であったので，品質機能展開についてこれまでに蓄積した知識をまとめてみようと思い立ったのが本書を執筆するきっかけである．ただし，執筆に際しては難しい単語の使用や難解な表現を極力避け，初学者がすんなりと読めるような本にしなければならないと決意した．

　品質機能展開という方法論は何とも理解しがたく，得体の知れない方法論である．取り扱うデータは言語データが中心となり，マトリックス図法を用いてデータを整理するだけなのに理解が難しいといわれる．答えは品質機能展開の自由度にあると考えている．品質

機能展開は何らかの数式に基づいて計算結果が示される性格のものではなく，目的に応じて多くの種類の二元表が作成される．さらに，適用のテーマも多岐にわたるので様々なアプローチがある．すなわち，自由度が高すぎて得体が知れないのである．

筆者は大学院において，品質機能展開提唱者の一人である赤尾洋二博士からご指導を受け，いつの間にか品質機能展開とともに20年以上を過ごしてきた．得体の知れない方法論をようやく自分の言葉で解説できるようになったが，実のところ本書にまとめた内容のほとんどはこれまでに出会った方々から授かった知である．ここではすべての名前を挙げられないが，改めて関係の皆様にお礼を申し上げる次第である．JSQC選書では，既に大藤正先生が『QFD─企画段階から質保証を実現する具体的方法』を執筆されている．そこで，本書はQFDを初めて学ぶ読者を意識した．本書を基礎編に，先に挙げた本を応用編として両者を併読すれば，品質機能展開のより深い知識が得られると考えている．

最後に，本来であれば本書を私の師である赤尾先生に読んでいただき，改めて指導を頂戴したかったが，残念ながらその夢を叶えることはできなかった．しかし，先生から学んだことに自分のアイデアを加え，品質機能展開が品質管理の発展に貢献する方法論となるよう，努力していく所存である．最後に，本書の出版にあたり（一財）日本規格協会の伊藤朋弘氏と本田亮子氏には実に多くのサポートをいただいた．記して感謝の意を表したい．

2017年9月

玉川大学　経営学部　永井　一志

目　　次

発刊に寄せて
まえがき

第1章　製品開発における品質機能展開の役割

1.1　QFDとは何か ………………………………………………… 9
1.2　品質表とは何か―QFDの中で非常に有名な二元表 ……… 11
1.3　QFD誕生の歴史的背景 ……………………………………… 17
1.4　品質展開と業務機能展開 …………………………………… 20
1.5　B2B（Business to Business）企業における
　　　品質表の難しさ ……………………………………………… 22
1.6　重要度の変換（次章からの予備知識として） …………… 25
1.7　新製品開発に対するQFDの貢献 …………………………… 27
1.8　本章のまとめ ………………………………………………… 33

第2章　総合的品質機能展開とは

2.1　総合的QFDとは何か―QFDを構成する要素 …………… 35
2.2　品質展開の考え方と二元表の構成 ………………………… 39
2.3　二元表と管理帳票（QA表，QC工程表）とのリンク …… 45
2.4　QFDが追い続ける理想 ……………………………………… 49
2.5　技術展開の考え方と二元表の構成 ………………………… 51
2.6　コスト展開の考え方と二元表の構成 ……………………… 60
2.7　信頼性展開の考え方と二元表の構成 ……………………… 68
2.8　本章のまとめ ………………………………………………… 75

第3章 品質機能展開の事例から学ぶ実践のポイント

3.1 QFDの適用事例―Jurassic QFD ………… 78
3.2 QFDの運用事例―日産車体(株)における
　　 QFDの運用 ………… 85
3.3 本章のまとめ ………… 90

第4章 品質機能展開構想図を描くためのコツ

4.1 従来のQFDトレーニングと現在 ………… 92
4.2 目的ベースによるQFD構想図の作成方法 ………… 95
4.3 テニスラケットを用いたケース・スタディ ………… 100
4.4 自業務の分析ベースによるQFD構想図の作成方法 ……… 103
4.5 QFD構想図の検証 ………… 109
4.6 本章のまとめ ………… 110

第5章 品質機能展開のさらなる発展

5.1 QFDの三つの転機 ………… 113
5.2 顧客の要求分析に対する課題 ………… 117
5.3 ノンバーバル・コミュニケーションによる
　　 顧客心理の分析 ………… 121
5.4 技術指向型開発へのQFDの適用 ………… 128
5.5 QFDのISO化―ISO 16355シリーズの制定 ………… 136
5.6 システム思考とデザイン思考 ………… 139
5.7 本章のまとめ ………… 142

あとがき ………… 143
　　　　　　　　　　　引用・参考文献 ………… 145
　　　　　　　　　　　索　　引 ………… 147

第1章 製品開発における品質機能展開の役割

本書で解説をする品質機能展開は，その略称を用いて"QFD"と呼ばれる．QFD は Quality Function Deployment の頭文字をとった略称であり，以降の説明では品質機能展開を QFD と記す．本章では QFD とは何かを総括的に解説し，製品開発における QFD の役割に触れる．さらには，QFD の中でも非常に有名な二元表である品質表とは何かを理解することを目的とする．

1.1 QFD とは何か

筆者は初めて QFD を学ぶ方々に対し，「QFD とは新製品開発にかかわる情報を整理・整頓する方法論である．そして，整理・整頓を行う際に二元表というツールを用いる」と説明している．したがって，自分の業務を振り返った際に，新製品開発にかかわる情報の整理・整頓がうまくいっていない場合や，改めて情報の整理・整頓をしたいのであれば，QFD は組織の役に立つだろうし，逆に目的不在のまま会社へ導入すれば QFD は黒船襲来にもなりかねないので，慎重に考えるように伝えている．

人によって QFD の説明の仕方は様々である．情報の整理・整頓という表現に対して「その関連性を意識しながら」という修飾語を

加えたり，「因果関係を考慮しながら」という修飾語を付与したりして説明をする人がいる．いずれも正解である．そのような中で，極力シンプルな表現で結論を示したものが冒頭に述べた文章である．

　新製品開発には多くの人間がかかわり，それぞれが様々な情報を取り扱っている．例えば，開発の最上流である製品企画にかかわる人々は市場の状況や顧客の要求を分析し，製品コンセプトや製品企画を立案する．これを受けて，製品開発・設計にかかわる人々は製品コンセプトを具体化した仕様書や設計図面などを作成する．仕様書や設計図面では，製品の特性や製品を構成する部品などの特性に対するねらい値や公差が重要な情報となる．さらにはこれらの情報が製品を加工する設備の設計や検査項目の設定への橋渡しとなり，最終的には工程での管理項目を定めることへとつながる．

　つまり，新製品開発は多くの部門とこれにかかわる人間による"プロセスの連鎖"とも捉えることができ，新製品開発における品質管理の役割は，品質保証を目的としたプロセス保証の仕組みを構築することといえよう[1]．

　プロセスの連鎖において我々が注意したいのは，一つひとつのプロセスの完成度を上げることと，さらにはそれらのプロセスが確実に連鎖する仕組みを構築することである．例えば，あるプロセスで曖昧な入力情報に基づいて曖昧な処理をし，曖昧な情報を出力したとしよう．この曖昧な出力情報が次工程の入力情報となって同様の処理がなされ，この状況が連鎖されたとすれば，最終的に開発された製品は曖昧となる．いい方が悪いかもしれないが，"とりあえず

の企画"，"とりあえずの設計"，"とりあえずの生産準備・製造"を経てしまい，製品開発が失敗するケースを耳にする．我々は曖昧な仕事が曖昧な結果を生んでしまうことに注意を払う必要がある．

　開発プロセスに存在する曖昧さを低減し，さらには開発にかかわるメンバーでプロセスからの出力を共有したうえで，プロセスを連鎖させる仕組みを構築することが新製品開発に求められ，これを実現する前提条件として，情報の整理・整頓が必要と考えている．まずは情報を整理することで，ぬけやもれに気付くことができるし，不要な情報を取り除くこともできる．さらには，情報を整頓することで，必要な情報をいつでも使えるようにもできる[2]．最初に情報を整理・整頓することで，プロセスに対する曖昧な入・出力を防ぐことが可能となり，QFDはこれに対して大いに貢献する方法論と考えている．

　以上の背景から，筆者はQFDとは何かと問われた際の結論として，"情報を整理・整頓する方法論"と説明している．もちろん，QFDだけで新製品開発のプロセスをマネジメントする仕組みを構築するのは不可能であるが，少なくとも曖昧な情報を処理し続けてしまうような事態を回避することは可能である．QFDという難解な名称こそ使われているが，その根本にある思想は決して難しくないのである．

1.2　品質表とは何か—QFDの中で非常に有名な二元表

　QFDは情報の整理・整頓を行う方法論であり，そのツールとし

て二元表が用いられることをこれまでに述べた．それでは，QFDではどのような二元表が作成されるのか．QFDでは実に多くのパターンの二元表が作成されるが，その中で最も有名な二元表は"品質表"である．

図 1.1 に，品質表の構成を示す．また，表 1.1 にテニスラケットを事例とした品質表の例を示す．図 1.1 をみると，表の左には顧客の要求を整理した"要求品質"が書かれている．また，表の上には製品の仕様に相当する"品質特性"が書かれている．さらに表の中央には顧客の要求と製品の仕様の対応（相関）が示されている．また，必要に応じて表の右側に重要度や"品質企画"と呼ばれる製品のベンチマーキング，表の下に"設計品質"と呼ばれる特性の目標

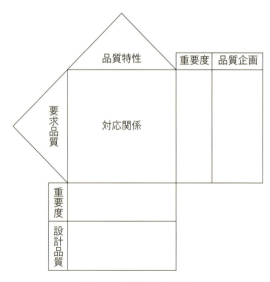

図 1.1 品質表の構成

1.2 品質表とは何か

表 1.1 テニスラケットをテーマとした品質表の例

品質特性一覧表 \ 要求品質一覧表	フレームの剛性	振動吸収性	グリップ素材	グリップ形状	空気抵抗	フレーム長さ	フレーム材質	フレーム形状	フレーム重量	バランス	メンテナンス性	デザイン性	...	重要度	自社レベル	他社A	他社B	他社C	企画品質	重要要求
長い間使用しても手が疲れない		◎	○											5	4	2	5	2	5	◎
ボールの反発力がよい	◎				◎		○							5	3	4	4	4	4	
ひじへの負担が少ない				○			○		○		○			1	4	3	4	3	4	
グリップの握り心地がよい			◎	○										3	3	3	3	3	3	
ラケットの振りぬきがよい		◎			○		○	◎	◎	○				3	3	2	5	3	5	
スイート・スポットが大きい	○							◎	○	◎				5	3	5	5	5	5	◎
流行の色使いである												◎		4	5	4	5	5	5	
...														4	2	4	1	2	3	
品質特性重要度	33	18	25	15	40	10	37	53	28	27	14	27								
設計品質	フレックス 65	●●システム採用	略				グラファイト,ケブラー 16×19		315±7 g	315±7 mm		略								

値（公差を含む）が加えられる[3]．

表 1.1 を用いて，改めて品質表の構成を再確認する．まず，表の左に横書きで書かれている項目に注目すると，テニスラケットに対する消費者からの要求として「長い間使用しても手が疲れない」，「ボールの反発力がよい」とあり，これを QFD では要求品質と呼ぶ．これに対し，表の上側に縦書きで書かれている項目に注目すると，「フレーム剛性」，「振動吸収性」といったテニスラケットの主だった仕様が記されており，これを QFD では品質特性と呼ぶ．

そして，表の中央には両者の関係が◎（強い対応関係）や○（強いとまではいわない対応関係）で記されている．表の右側には，要求品質に対する重要度や自社および競合他社の現状の満足度のレベルが分析され，次期開発製品で目指す満足度のレベルが企画品質として示され，要求品質に対する重点志向がなされている．最後に，表の下側には各特性に対する重要度と具体的設計値である設計品質が示されており，例えば重要度が 28 と計算された「フレーム重量」に対する次期開発品は，315（g）という値に決定されているのがわかる．

これらが品質表の全体イメージである．QFD という方法論が提唱されてから長い年月を経ているが，多くの企業で品質表が作成されてきた経緯を踏まえると，品質表は QFD の中で最も有名な表といっても過言ではない．

それでは，品質表で非常に重要な情報がどこにあるか，また品質表は何のために作られるのかを考えよう．まず，品質表で非常に重要な情報であるが，もちろん表中にある情報はすべて重要である．

1.2 品質表とは何か

しかし，あえて強弱をつけるとすれば，筆者は設計品質が最も重要と考えている．この理由は簡単である．QFD は製品開発に用いられる方法論であるから，開発しようとしている製品の仕様に対するねらい値が記されている部分が最も重要になる．この値がなければ設計図面を描くことはできないし，テニスラケットを開発することもできない．

次に，品質表は何のために作られるかである．まず，品質表とは"設計品質が定められた根拠が可視化された表"ということができよう．例えば，表 1.1 の例を用いると，フレーム重量のねらい値が 315（g）と設定されているが，この根拠は何であろうか．

答えは表中の対応関係と要求品質にある．315（g）と書かれた列をみると，◎がついている要求品質に「長い間使用しても手が疲れない」，「ひじへの負担が少ない」とある．つまり，設計者はこの二つの要求を実現するラケットを開発するために，各種実験などで検討された結果である 315（g）というねらい値を設計品質欄に記入したのである．なお，品質表を作成して設計品質が定まったといういい方をする人もいるが，この表現は正しいといえない．表を作成するだけで品質特性に対するねらい値が定まるはずがない．開発プロセスで行われている各種実験や過去の技術的な知見，さらには既存製品の仕様などが包括的に検討された結果として設計品質が記されているにすぎない．このことは QFD を初めて学ぶ人が誤解し，疑問を抱く点でもある．

品質管理では，顧客の要求を実現する製品やサービスの開発を重視する．そのよりどころとなる情報は，要求品質である．品質表

は顧客の要求を出発点として製品のあるべき姿を検討するための表ともいえる．上述したように設計品質が定められた根拠を可視化したいのであれば品質表を作成することに意味があるが，そうでない場合に無理をして品質表を作成しても，思うような成果を得られない．

品質表が1970年代に提案され，その後1990年代に品質表を作成する具体的手順が示されてから，品質表の普及は目覚ましかったと聞く[4), 5)]．しかし，品質表の普及には残念な一面も伴う．

例えば，Aという会社でQFDを用いて製品開発がうまくいったとする．これを聞いたBという会社がQFDに関心をもち，トップダウンでQFDの実施が指示された際に，QFDのことを何も知らないスタッフは大あわてとなる．まずは専門書を読むことになろうが，QFDに関する文献では必ずといってよいほど品質表の説明があるため，QFDを実施するとは品質表を作成することと勘違いしてしまう．トップダウンのマターであるから，時間と労力をかけて品質表を作成するが，目的不在のまま作成しているので，でき上がった二元表をどのように使えばよいかがわからず，結局のところファイリングされるかハードディスクに保存されて終わってしまう．そして，最終的には「品質表を作っても何の役にも立たない」という批判がなされる．まさに急速な普及が生み出す悲劇である．

このような事態を回避するためにも，品質表を作成する目的をしっかりと理解しておくことが重要であるし，筆者はQFDのセミナーで声を大にして受講者へ伝えているつもりである．

1.3　QFD誕生の歴史的背景

ここでは，QFDの考え方や品質表が生まれた歴史的背景について触れる．歴史に関心のない読者は読み飛ばしても問題はない．QFDの背景を知るためには，品質の分類で説明がなされる"製造品質"と"設計品質"とは何かを理解しておく必要がある．図1.2に示すボールペンを例に確認しよう．

図1.2は，ボールペンの設計図面と実際に製造された現物である．ここで，製造品質とは設計図面と現物の合致度合いを表したものであり，"適合品質"とか"できばえの品質"とも呼ばれる．これに対し，設計図面に表されている品質特性（図1.2では軸長）に対する目標値が設計品質と呼ばれ，140.0（mm）と示されている（実際には公差も含めて記入される）．これは"ねらいの品質"とも呼ばれる．

企業で本格的に品質管理が導入推進された当初の関心は，いかに設計図面どおりの製品を製造するかであったので，品質管理活動の

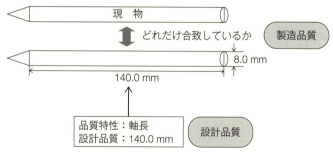

図1.2　製造品質と設計品質

焦点は製造品質のレベルアップにあった．QC 七つ道具や実験計画法などに代表される SQC（Statistical Quality Control）手法は，その多くが製造品質を向上させることに寄与するツールであるのが理解できる．これに対し，本書のテーマである QFD は，品質特性のねらい値を明確にすることに焦点をあてた，いわゆる設計品質を意識した方法論であるのがわかる．

それでは，製造品質に加え，なぜ設計品質に焦点をあてる必要があったのか．それは日本の品質管理発展の歴史と深い関係がある．図 1.3 に，日本の品質管理の発展と QFD の関係を示す．

上述したように，当初の品質管理の焦点は製造品質のレベルアップであったので，その活動は製造部門を主として行われていた．先人達の努力により，製造品質のレベルは世界でも高水準となり，いわゆる "Made in Japan" の製品は品質レベルが高いと評価されるようになった．

しかし，顧客満足を得るためには，単に製造の場で不良品を低減

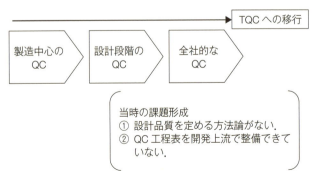

図 1.3 日本の品質管理の発展と QFD の関連

1.3 QFD誕生の歴史的背景

する活動だけでは十分といえず,設計品質に焦点をあてる必要が出てきた.このことは品質管理(図中ではQCと記している)の活動に設計・開発を巻き込むことが求められたことを意味し,さらには品質管理が全社的な活動であるTQC(Total Quality Control,現在はTQMへと呼称変更されている)へと移行していく一つの契機となった.これが1960年代終わりのことである.

この当時,設計品質の重要性が叫ばれていながらも,これを定める方法論がないこと,さらにはQC工程表が量産段階で作成されており,後手の管理になっていたという問題提起があった.QFDの理論を提唱した一人である赤尾洋二博士は当時の文献において,設計品質を細部に展開し,さらには工程の管理点へと結び付け,品質情報のネットワークを構築する必要性を示している[6),7)].赤尾博士はこの問いに対して品質展開の考え方を提唱し,さらには三菱重工(株)神戸造船所から提案された"品質表"によって設計品質へのアプローチが確立された[8)].設計品質を設定するよりどころに要求品質を位置付け,これと関係する品質特性を明確にし,設計品質を示すことで設計品質設定に対するアプローチを可能とした.

その後,品質表だけでなく,品質・コスト・技術・信頼性を含めた総合的なネットワークとしてQFDの理論が構築されたのである[9),10)].これが,品質管理の歴史的変遷とQFD理論提唱の関係である.なお,総合的QFDの詳細については第2章で解説する.

以上を整理すると,QFDとは次に示す2点の問題提起に対する提案といえる.

① 設計品質を定める方法論の確立

② 開発上流段階で品質保証を実現するネットワークの構築

筆者が学生の時代に，QFD は品質管理の分野で非常に注目されていた．当時いわれていたことは，QFD を適用すると「ヒット商品が生まれる」という話であったが，この表現は正しくない．二元表を作成するとヒット商品が生まれるならば誰も苦労をしないし，世の中の商品はすべてヒットしてしまう．QFD は品質保証を目的とした泥臭い方法論である．改めて，品質情報のネットワークを構築するという本来の目的を見失ってはならない．

1.4 品質展開と業務機能展開

品質機能展開は"品質"，"機能"，"展開"の三つの単語が連結されている．初学者はこの単語をどのように区切るかに疑問を感じるようである．素直に三つの単語で区切ることができるし，"品質機能"，"展開"の二つに区切ることもできる．ここでは後者の区切り方をもとに，QFD における品質展開と業務機能展開について解説する．

そもそも，品質機能という言葉は品質管理の発展に偉大な貢献をしたジュラン博士（Dr. J. M. Juran）が示した「品質を形成するための職能（業務）」を指す．全社的に品質管理活動の推進が開始された時代に，企画・設計・試作・生産などの各ステップで品質保証に必要な業務を明確にすることが求められており，水野滋博士らを中心に品質機能の抽出と体系化を行う研究が進められていた[10]．

1.4 品質展開と業務機能展開

品質管理業務および品質保証業務を明らかにし,さらにはこれを体系化する試みはシンポ工業(株)ならびにトヨタ自動車工業(株)で実施されたといわれており,その研究成果が現在でも多くの企業で作成されている品質保証活動一覧表である.品質機能の表現に対しては,VE(Value Engineering)の分野で用いられる機能定義の方法により,品質保証業務を系統的に表現する方法が用いられた.

以上を整理すると,QFDの研究が進められていた当時は水野博士らを中心とする品質機能の展開と,赤尾博士を中心とする品質の展開が研究され,最終的に両者がQFDという形でまとまったのである.水野博士は品質機能の展開を"Softな品質"と呼び,品質機能を系統表示した表をSQ表と呼んだ.さらに,製品品質の展開を"Hardな品質"と呼び,この展開表をHQ表と呼んだ[11].筆者は図1.4に示すように,QFDの構成を製品のあるべき姿を検討する"品質展開"と品質保証業務のあるべき姿を検討する"業務機能展開"と説明している.本書では前者に示した品質展開に焦点をあてて解説する.業務機能展開に関心のある読者は,他の専門書を参照されたい[12], [13].

QFDにおける品質展開と業務機能展開は,自動車の両輪に例えられることが多い.どちらかが欠落すると自動車は前進することができない.したがって,製品のあるべき姿と業務のあるべき姿をあわせて整理・整頓することが,品質保証の仕組みを構築するうえで重要とされている.

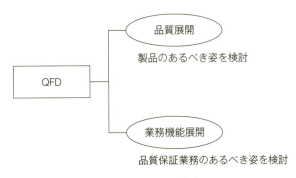

図 1.4 QFD の構成

1.5　B 2 B(Business to Business)企業における品質表の難しさ

1.2 節で述べたように，品質表は顧客の要求と製品仕様の関係を二元表で捉えた表である．非常にシンプルな構成であることを理解できたはずである．また，表 1.1 ではテニスラケットの例を用いて品質表の説明をしたので，表そのものの作成も難しくないように思えるかもしれない．しかし，B 2 C (Business to Customer) 企業で品質表を作成する場合と異なり，B 2 B 企業で作成する場合に注意すべき点がある．

表 1.2 は，ある化学メーカーで筆者が相談を受けた際に見せていただいた品質表の一部である．質問をされた技術者は QFD の専門書を読み，品質表の必要性を認識して表を作成したそうである．そこでの主な質問内容は，次のとおりであった．

①　要求品質と品質特性の二元表が品質表であるか．

② 顧客の声を要求品質と考えてよいのか.

③ 作成した品質表では，対応関係が斜めに記されるだけであった.

④ これでは仕事で役に立たない．つまり品質表はＢ２Ｃ企業で適用されるものであり，Ｂ２Ｂ企業では役に立たないのか.

質問に対する回答として，①の質問はそのとおりである．したがって，特別な補足説明を必要としない．問題は②〜④の質問である．QFDに詳しい人でなくとも，表1.2の品質表が役に立たないのがわかるであろう．表に使われている行と列は表現こそ違うが，意味する内容は全く同じである．すなわち，1対1対応にしかならないことをわざわざ二元表で表しているのである．それでは，この品質表を作成する過程で何が問題だったのであろうか.

この品質表の問題は，表の作成者が"顧客の声＝要求品質"と理解していたことにある．顧客の声はVOC（Voice of Customer）とも呼ばれるが，VOCをそのまま要求品質として扱っていたのが奇妙な表になってしまった原因である．Ｂ２Ｂ企業では，ビジネスを行う相手が一般消費者でなく，技術者である場合が多い．顧客であ

表1.2 作成された品質表の一部

品質特性 要求品質	粘度	膜厚	強度	・
粘度が高い	◎			
膜厚が均一である		◎		
強度が高い			◎	
・				◎

る技術者はB2B企業からみれば重要であるので，顧客の声に耳を傾ける必要がある．しかし，顧客の声をそのまま鵜呑みにしてしまうことには問題がある．

筆者は質問者に対して「VOCは要求品質ではない」と説明したが，なかなかこれを理解してもらえなかった．表1.2をみるとわかるように，顧客は粘度が高い製品を我々に求めている．これを要求品質として何がまずいのかという堂々めぐりであった．

そこで，筆者は視点を変えて「なぜ顧客は粘度を気にするのか」と質問をした．品質表の作成者はベテラン技術者なのでこの質問に対する回答は容易であり，「それは客先で当社の材料を加工して製造されるインクが垂れないから」と即答してくれた．そして筆者が「それでは，インクが垂れないことを実現するためには，粘度という特性だけを作り込めばよいのか」と質問を続けたところ，ようやく理解されたようである．そこで，表1.2の1行目にある要求品質を「インクが垂れない」に変更したところ，表1.3のようになった．網掛けに示したように，要求品質と複数の品質特性に関係が出てきたのである．

表1.3 修正後の品質表

品質特性 要求品質	粘度	膜厚	強度	・
インクが垂れない	◎	◎		◎
膜厚が均一である		◎		
強度が高い			◎	
・				◎

この事例からわかるのは,顧客の声は真の要求とはいえないことである. B2B企業の場合には,顧客が技術者であることが多いと述べたが,技術者の思考には物事を解決する手段を考える習慣がある. 心の中ではインクが垂れないことを思っていても,これを頭の中で変換してしまい,「インクが垂れないこと＝粘度が高い素材」として,解決策を口に出してしまうのである.

顧客が口に出したことをそのまま要求品質で扱ってしまうと,要求品質の中に特性の表現が混在し,最終的には1対1対応の二元表ができ上がってしまう. つまり,「なぜ顧客は粘度を気にするか」の問いを自分で考えてみれば,顧客の本音を探ることが可能であったのに,品質表作成者はそれを怠ってしまったのが失敗点であった. つまり,②と③の質問内容に誤りがあることに気が付けば,おのずと④の質問内容に誤りがあることもわかる.

この事例は必ずしもB2B企業だけに当てはまることではなく,B2C企業にもいえる. 顧客が口に出したことだけを鵜呑みにしてしまうと誤った解釈をすることになり,開発された製品が顧客に受け入れてもらえない事態を招くことになる. 品質管理ではなぜを5回繰り返して真因を探るといわれるが,顧客の要求に対しても"なぜ"と自問して,真の要求を把握する姿勢が大切である.

1.6 重要度の変換（次章からの予備知識として）

ここでは,二元表を作成した際に必要に応じて用いられる"重要度の変換"について説明する. 重要度の変換について知識を有して

いる読者は，本節を読み飛ばしてもよい．

品質表を作成し，さらには品質企画欄で重要要求品質を定めたとする．当然，重要な要求品質に対応する品質特性は開発を進めるうえで確実に品質を作り込むことが求められる．これを定量的に表現できれば，関係者に対してわかりやすく，さらには説得力のある説明を行うことができる．ここで用いられるのが重要度の変換である．重要度の変換方法には，独立配点法と比例配分法の2種類が提案されているが，ここでは独立配点法について説明する[5]．

例えば，表1.4に示すような品質表が作成され，アンケート調査や開発者によるブレーンストーミングによって，各要求品質に対する重要度が5段階のスケール（1：全く重要でない〜5：非常に重要である）で評価されたとしよう．

この重要度を，対応関係の記号に対して掛け算する．1行目の要求品質Aの重要度は5点であり，これが品質特性Aと◎の対応に

表1.4 独立配点法による重要度の変換例

	品質特性A	品質特性B	品質特性C	品質特性D	要求品質重要度
要求品質A	◎ 5×5 = 25				5
要求品質B		○ 3×4 = 12		◎	4
要求品質C	◎ 5×3 = 15				3
要求品質D		○ 3×5 = 15	◎		5
要求品質E				○	2
品質特性重要度	25+15=40	12+15=27			

ある．ここで，◎を5点，○を3点とした場合，該当するセルは◎（5点）×重要度（5点）＝25点と計算される．同様に要求品質Cの重要度は3点であるので◎（5点）×重要度（3点）＝15点の重みが該当のセルに計算されている．最終的に各列の重みの総和を計算した結果が品質特性の重要度となり，表1.4における品質特性Aの重要度は25点+15点＝40点となる．

まれに，二元表の行方向と列方向で別々に重要度を計算する事例を見かける．決して間違いとはいえないが，この方法には二元表の対応関係が一切考慮されていないという問題がある．ここに示した重要度の変換では，表中の対応関係記号を意識した計算になっているので，重要な要求品質に関連する品質特性の重要度が高くなるように考慮されている利点がある．また，複数の二元表にまたがって重要度の変換を繰り返した場合に，重要度のけた数は比例して大きくなる性質をもつ．その際には計算された重要度を百分率に直すことで，けた数の増加を防ぐことができる．このように重要度の値を百分率に直したものを"ウェイト"として表中に示す場合もある．

重要度の変換はQFDで必ず実施すべき事項ではないが，表中にある情報で重要な項目をフォーカスする際に有用であるので，必要に応じて利用すればよい．

1.7 新製品開発に対するQFDの貢献

ここでは，新製品開発にQFDを適用した際のメリットに触れる．この質問はQFDの研修で必ずといってよいほど出される質問

である．もちろん，ビジネスとは様々な活動が複雑な関係を有しながら成果につながるので，QFD と新製品開発の成果を単相関で表すのは難しい．さらに，筆者は教育・研究機関に属しているため，実際に企業で QFD を適用した際の効果を長期にわたってフォローしていない．そこで，企業内で QFD を推進された方からの資料をもとに，QFD の新製品開発への貢献を紹介する．

以下は，自動車メーカーにおいて QFD の推進をされてきた星野和夫氏［現在は（有）リライアブルテック］からうかがった内容の紹介である．

まず，QFD 導入のメリットとして星野氏は以下の 8 項目を挙げている（若干の表現を筆者が修正した）．

① 確実な品質保証プロセスを構築できる．
② 保証すべき項目のぬけやもれが見つかり，同時に保証項目に対する役割分担が明確になる．
③ 開発に必要な品質のノウハウが明確になる．
④ 個有技術から固有技術への転換と，技術伝承に有効である．
⑤ 品質保証の証明がしやすい（論理立てたプロセスと記録を残せる）．
⑥ DR（Design Review），監査，品質確認会での質疑応答が明確になる．
⑦ 無駄な資料を減らすことができる．
⑧ 二元表を繰り返し活用することにより，技術的知見の参照が早くなり，開発工数の削減を図ることができる．

①から④は，情報のぬけやもれに関するQFDの貢献と，知識資産の共有に関する貢献である．QFDでは様々な二元表を駆使して情報の整理を行うため，複数人による作業によって二元表が作成される．これまでは個人のノウハウで暗黙知とされていたことが，二元表に表出化されることで組織知へと変換されることを意味する．また，二元表に対応関係を記入する際には技術的な裏付けが求められる．チームでこの作業を行う際に，若手社員はベテラン社員のノウハウを知るよい機会となるようである．

⑤から⑧は，DRへの貢献である．DRでは予想される品質課題や技術課題を明らかにし，それらへの対策を考えることが必要である．その際に，質問すべき項目が的外れなものになるとDRそのものが形式的になり，思うような成果が得られない．二元表で情報を整理することで課題を明確にできることを示している．

次に，QFD適用による市場クレーム発生率への貢献である．図1.5に，QFD適用製品と従来製品の市場クレームの推移が示されている．

図からわかるように，QFD適用品の市場クレーム発生率は従来品よりも低い水準で推移している．これは二元表によって管理すべき重要品質特性を明らかにし，開発上流で重点をおく品質特性を明らかにすることで，品質トラブルの未然防止が図られているのを意味する．必ずしもQFD単体による成果とはいい切れないが，品質情報のネットワークを構築することによる成果の一部といえよう．

続いて，QFDで二元表を作成する際にかかる工数である．QFDの適用に際し，二元表を作成する際に工数がかかることの批判を耳

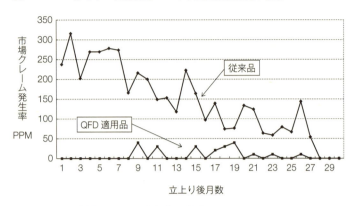

図 1.5 市場クレーム発生率の推移
[資料提供:(有)リライアブルテック 星野和夫氏]

にする.図 1.6 に二元表作成の工数が整理されているが,この図からもわかるように,初めて二元表を作成する際にはそれなりの工数を必要とする.これはやむを得ないことである.しかしながら,改良型製品の場合は二元表の再利用が可能であるため,二元表の作成工数は大幅に削減されている.

開発製品が改良型である場合に,変更される仕様や目標値は限られる.過去に作成された二元表の一部を修正することで再利用が可能となり,開発の都度に二元表を作成し直す必要はない.一度 QFD にチャレンジしたが,工数がかかりすぎて再適用を諦めてしまうという話を耳にするが,2〜3 回のサイクルを回すことで再利用のメリットを実感できるグラフである.

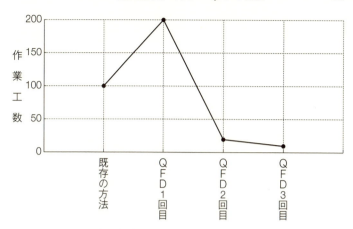

図 1.6 二元表の作成工数
［資料提供：(有)リライアブルテック 星野和夫氏］

最後に，QFDを理解するために必要なキーワードと，組織がQFDを活用する際の留意点を以下に列挙する．これまでに述べてきた内容が集約されていることに気が付くはずである．

(1) QFD理解のためのキーワード

① QFDを理解するために，まず品質・機能・展開とは何かを知る．

② QFDとは，因果関係を把握するシステムである．

③ QFDに難しいテクニックは不要である．作業は新QC七つ道具に含まれる系統図法，マトリックス図法を用いているだけである．

④ QFDで大切なのは，開発を順序立てて考えることである．

⑤ 展開するとは情報を分けることであり，分けることは，分かることにつながる．

⑥ 品質を保証するには，すべての管理項目を管理状態にすることであり，見える化，可視化はその一歩である．

(2) QFD を活用する際の留意点

① 顧客が直接触れるものとそうでないものがある．触れられないものの要求品質展開は工夫が必要である．

② 要求品質の捉え方に注意する．アンケートだけでは，顧客のニーズを捉えきれない．

③ 顧客の要求をすべて取り入れてはいけない．自動車を開発するつもりが戦車を開発することになってしまう．要求品質を取捨選択して，重み付けするのが，品質企画のポイントである．

④ 目的が不明確のまま QFD を適用すると必ず失敗する．QFD 適用の目的を明確にしてから始めるとよい．

⑤ QFD はあくまでも管理技術である．企業が保有する固有技術を活かす方法論である．

⑥ QFD の二元表はノウハウの固まりであるので，取扱いに注意が必要である．

⑦ 顧客の声がすべて正しいとは限らない．自分でその趣旨を再検証することが大切である．

⑧ QFD で二元表作りの趣味に陥らないことが重要である．二元表をどう使うかについて考える必要がある．

1.8 本章のまとめ

本章では，QFD とは何かを総論として解説した．結論は明確であり，章の冒頭で述べた"製品開発にかかわる情報を整理・整頓する方法論"である．なぜ情報を整理する必要があるのかを理解していただくために，品質保証の仕組み作りと QFD 誕生の背景について触れた．また，B2B 企業で品質表を作成する際の留意点を解説した．

QFD の構成には，製品そのもののあるべき姿を捉える品質展開と，品質保証業務のあるべき姿を捉える業務機能展開があり，両者は製品開発を進めるうえで欠かすことのできない要素である．また，新製品開発における QFD の貢献を実際に企業で QFD に携わった方からの情報として紹介した．

次章では，製品のあるべき姿を検討する品質展開に注目し，その目的と構成を解説する．

第2章 総合的品質機能展開とは

　第1章で解説したように，QFD は製品のあるべき姿を検討する品質展開と，品質保証業務のあるべき姿を検討する業務機能展開によって構成されている．本章では品質展開を中心に，四つの構成要素である品質展開・技術展開・コスト展開・信頼性展開について説明する．二元表の連鎖によって品質情報のネットワークを構築する意味を理解することが主たる目的である．

2.1 総合的 QFD とは何か—QFD を構成する要素

　QFD の構成を詳細に表したものが，図 2.1 である．QFD は品質展開と業務機能展開に大別され，品質展開はさらに"品質展開"，"技術展開"，"コスト展開"，"信頼性展開"に分けることができる．ここで，品質展開という用語が2回使用されており若干の違和感があるが，これは QFD の研究が発展する過程で修正に至らず，やむを得ないことである．

　製品のあるべき姿を検討するといっても，その検討の切り口は様々である．図からわかるように，製品のあるべき姿を品質の視点から検討するのが狭義の品質展開である．そして，製品のあるべき姿が検討されていても，これを実現する技術がなければ製品を具現

化することはできない．そこで，企業や組織が保有する技術の側面から製品化の可否や技術課題の抽出を目的とした技術展開がある．また，コストを無視しての製品開発はあり得ないことから，原価企画やVE（Value Engineering）への橋渡しを目的として，コスト展開がある．

最後に，市場での不具合を未然に防止することも製品開発において必要とされる．これには信頼性工学と呼ばれる分野が有用となり，FMEA（Failure Mode and Effects Analysis）やFTA（Fault Tree Analysis）といった不具合の未然防止を図るツールへの橋渡しとして，信頼性展開が構成されている．つまり，広義の品質展開は品質展開という名称でありながらも，品質・技術・コスト・信頼性の視点から製品のあるべき姿を検討する構成となっている．

これらの構成を二元表で表したものが，図2.2に示すQFDの全体構想図である．この図はQFDに関する文献では必ずといってよ

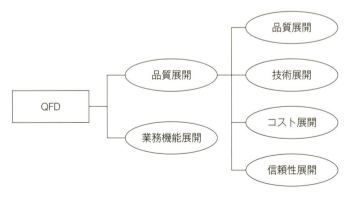

図2.1 QFDの構成(詳細)

2.1 総合的QFDとは何か

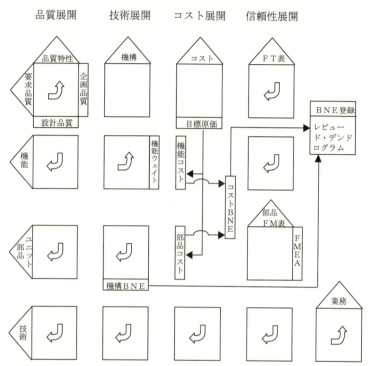

図 2.2 QFDの全体構想図
［出典 JIS Q 9025:2003 マネジメントシステムのパフォーマンス改善―品質機能展開の指針(一部修正)］

いほど用いられる．図をみると，列方向で品質展開・技術展開・コスト展開・信頼性展開の柱が構成されているのがわかる．赤尾博士らによって示された最初のQFD全体構想図であり，現在では若干の修正がなされてJIS Q 9025:2003にも掲載されている[3], [9]．QFDの全体をイメージするために非常にわかりやすく整理された

図である．

本節では図中に示されている二元表の詳細を理解することが目的ではないため，各展開の解説をしない．品質展開がどのような要素から構成されているのかの理解を最優先とし，まずは図 2.2 から生じる初学者の誤解について説明する．

図 2.2 に初めて接した読者は QFD に尻込みしてしまうことがある．なぜならば，QFD ではこれほどたくさんの二元表を作成しなければならないのかと誤解するからである．しかし，いずれの文献にも書かれているが，図 2.2 はあくまでも QFD の全体を示しているにすぎず，すべての二元表を作成する必要はない．むしろ，自分達が設定したテーマに対して役立つ二元表があれば，その部分を自由に切り出して使ってよいように，ある意味 "たたかれ台" を提供しているのである．

また，図 2.2 は海外において "Matrix of Matrix" と呼ばれている．これは二元表のオンパレードという意味であり，日本の QFD を若干からかった意味を含んでいる．開発業務が非常にあわただしい中で，よくぞあれだけの二元表を作るものだと，日本の技術者を揶揄しているのである．しかし，彼らも間違えた理解をしている．上述したように，我々はすべての二元表の作成を強制しいていない．図だけが独り歩きして世の中に広まってしまった悪い結果である．

さらに，図 2.2 の原点は赤尾らによる論文である[9]．赤尾らは双葉電子工業（株）のラジコンをケース・スタディとして，QFD の適用結果を体系化している．したがって筆者流に解釈をするなら

ば，図 2.2 に示された QFD の全体構想図は双葉電子工業（株）における QFD の最適解，つまり特殊解であって，すべての会社に通用する一般解にはなり得ない．したがって，QFD を自社製品に適用する際に図 2.2 を参考とするのは構わないが，すべてを真似したのでは意に沿わないのである．

品質展開の構成を理解したところで，次節からは各展開が有する目的と，二元表の例を解説する．ここで大切なのは，各展開が何を目的としているかの理解が優先であって，どのような二元表を作るかは解説の本質ではないことである．

2.2　品質展開の考え方と二元表の構成

ここでは，品質の視点から製品のあるべき姿を検討する品質展開（狭義の品質展開）について，その考え方と二元表の構成を解説する．まず，品質展開とは何を行うことか，赤尾博士による品質展開の定義に着目する[4]．さらに，品質展開における二元表の構成の典型例を図 2.3 に示す．

> 品質展開とは，ユーザの要求を代用特性（品質特性）に変換し，完成品の設計品質を定め，これを各種機能部品の品質，さらに個々の部分の品質や工程の要素に至るまで，これらの関係を系統的に展開していくこと．

この文章を意味内容が区切れるところで分解してみよう，最初の

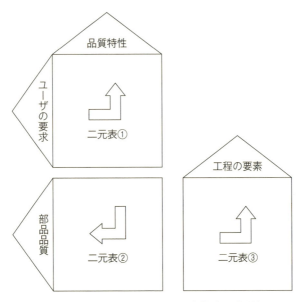

図 2.3 品質展開における二元表構成の典型例

区切りは「ユーザの要求を代用特性（品質特性）に変換し，完成品の設計品質を定め」までである．これを実現するための二元表は，どのような組合せになるだろうか．解答は第 1 章で解説した品質表であり，図 2.3 の二元表①に該当する．

ここで注意したいのは，品質展開の第 1 ステップで作成する品質表は，完成品（必ずしも消費者にわたる完成品だけでなく，自社における完成品と捉えればよい）のあるべき姿を議論する点にある．要求品質と完成品に求められる品質特性との関係を捉えることが，最初の文章の意味である．

完成品の議論だけでは，製品開発を進めることはできない．なぜ

ならば，完成品は多くのアッセンブリもしくはユニット，さらには部品から構成されているからである．そこで先の文章を区切ってみると，「これを各種機能部品の品質，さらに個々の部分の品質（へと展開する）」とある．これは製品を構成する部品レベルでの品質特性がどうなっていればよいかの検討を意味する．これを二元表で表したのが図2.3の二元表②であり，完成品の品質特性と部品の品質特性の関係を捉えている．

要求品質を完成品の品質特性に変換し，さらには部品レベルでの品質特性に変換したところで一区切りがついているが，品質展開の定義はさらに「工程の要素に至るまで，これらの関係を系統的に展開していくこと」と続いている．これは部品レベルでの品質特性が明確にされたならば，この部品を製造している工程で何を管理すべきか，いわゆる"工程管理項目"との対応を捉えることを意味する．二元表でこれを表現したものが図2.3の二元表③であり，部品の品質特性と工程管理項目の二元表を作成することである．以上に述べた一連の概念に対し，テニスラケットでの品質展開の例を表2.1に示す．

このように，要求品質→（完成品の）品質特性→（部品の）品質特性→工程管理項目の流れで二元表を連鎖させたのが，品質展開の流れである．一見すると複雑そうに感じるが，通常の開発行為と何ら違いはない．二元表①は顧客の要求に基づいて完成品のあるべき姿を検討しており，この行為は世間一般に"全体設計"と呼ばれている．

次に，二元表②は部品レベルでのあるべき姿を検討しており，こ

表 2.1 テニスラケットを例とした品質展開

注 本例に用いている品質特性の名称や対応関係は実例ではない。あくまでもイメージを理解するために作成したものである。

れは"詳細設計"と呼ばれる行為である．最後の二元表③は工程管理項目を検討しているので，これは"工程設計"と呼ばれる行為である．つまり，品質展開とは開発行為そのものを表現したものであり，全体設計・詳細設計・工程設計の流れとそれぞれのステージで用いられる情報を二元表で対応させながら，関係を捉えているだけである．二元表をみると複雑そうに感じてしまうが，開発者が仕事で扱う情報を整理しているにすぎない．

ここで，改めて品質展開の流れを図 2.4 で考える．"QFD は一種の伝言ゲーム"と例える人がいるが，まさにそのとおりである．ここで述べている品質展開は"ためには"のロジックを用いて伝言ゲームを行っているのである．

テニスラケットのあるべき姿を考えるにあたり，そのよりどころ

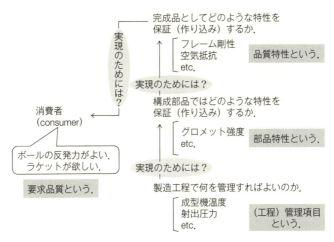

図 2.4 品質展開の流れ(テニスラケットを例として)

は顧客の要求である．顧客満足を得るためには顧客が求める製品を市場に展開する必要がある．そこで，要求を収集したところ，要求の一つに「ボールの反発力がよいラケット」があったとしよう．QFDではこれを"要求品質"と呼んだ．ここから伝言ゲームの開始である．顧客の要求を実現するために，まずはラケット完成品がどうあるべきかを検討する．ラケット完成品としての品質特性には「フレーム剛性」や「空気抵抗」などがある．QFDではこれを"品質特性"と呼んだ．さらには，これらの品質特性に対するねらい値（設計品質）が設定される．そして，要求品質と品質特性の関係を捉えた二元表が品質表であり，図2.3に示した二元表①でもある．

"ためには"の伝言ゲームは続く．完成品の設計品質が設定された後は，これを実現するための構成部品の検討に移る．例えば「グロメット（フレームの外側に装着されたストリングを通す部品）」があったとしよう．完成品の「フレーム剛性」を実現するためには，グロメット単体での「強度」を作り込む必要があり，QFDではこれを"部品の品質特性（または略して部品特性）"と呼ぶ．そして，2番目の伝言ゲームは完成品の品質特性と部品の品質特性の関係を捉えたものであり，これが図2.3における二元表②である．

最後の伝言ゲームとして，グロメットの品質特性である「強度」を作り込むためには，製造条件で何を管理しなければならないかを考える．例えばプレス加工を行っているとすると，「成型機温度」や「射出圧力」といった条件管理が必要となる．QFDではこれを"工程管理項目"と呼ぶ．最後の伝言ゲームである部品の品質特性と工程管理項目の関係を捉えた二元表が，図2.3における二元表③

である.

　繰返しの説明になってしまうが,品質展開は顧客の声を出発点として,これを完成品の品質特性,部品の品質特性,さらには工程管理項目へと情報連鎖によって関係を捉えることである.どのような二元表を作るかよりも,何をしようとしているのかが理解できれば十分である.なお,品質展開では,必ずしも二元表を作成して工程管理項目まで連鎖をさせる必要はない.自分のテーマに必要なところまで二元表を用いれば十分である.

2.3　二元表と管理帳票(QA表,QC工程表)とのリンク

　これまでに説明したように,品質展開は顧客の声を出発点として,重要な要求,製品の品質特性,部品の品質特性,工程管理項目を関連付けて明確にできる.さらに,定量的に重要度を示したい場合には,1.6節で解説した重要度の変換を用いればよい.

　ここで改めて注意をしたいのは,二元表から明らかにされた重要項目をどのように扱うかである.もちろん,それらが重要であることをプロジェクトにかかわるメンバーが共通で認識し,品質の作り込みを意識できるならばよい.しかし,開発には多部門の人がかかわるので,情報共有が十分とならないおそれがある.つまり,QFDで二元表を作成するとともに,明らかになった重要項目を社内の管理帳票類に反映させることが必要になる.

　品質管理に関連する設計・開発や製造の場で有名な管理帳票類として,QA表やQC工程表がある.QA表は,設計品質が定められ

た根拠や許容値が守られなかった場合に市場でどのようなトラブルが発生するかが記述された帳票である．QC工程表は，重要品質特性を確実に保証するために，関連する工程で制御すべき条件やその点検方法，頻度，担当，報告方法などが規定された管理帳票である．

表2.2に，テニスラケットを例としたQA表のイメージを示す．この管理帳票は，品質展開で作成された二元表ならびに重要度によって品質の作り込みが強く求められると判定された部品に対して作成される．仮に，この部品は外注によって購入されている部品としよう．サプライヤーにはグロメットの図面と設計目標値（許容値）だけが渡されるケースが少なくない．もちろん，サプライヤーは指示された設計目標値を満足するように部品の製造を行うが，単に数値だけを把握するよりも，これを満足しないと市場でどのような不具合が起こり得るのかを認識した方が，品質の作り込みに対す

表2.2 グロメットを例としたQA表のイメージ

部品名	品質特性	許容値	期待値	許容値達成の必要理由
グロメット	厚さ寸法	○±△		フレーム重量315gを実現し，ラケットのふりぬき感を確保するため．
		グロメットの設計図面		

2.3 二元表と管理帳票（QA 表，QC 工程表）とのリンク

る意識が明らかに異なってくるはずである．

表 2.2 に示すように，QA 表は特定された部品に関する図面，重要品質特性，その許容値，必要理由が示されており，ベースとなる情報はいずれも二元表に整理されている．特に，必要理由については，品質展開の出発点であった要求品質に記述された顧客の要求に遡ればよいのが理解できるであろう．

開発の早い段階で二元表が作成され，製品の設計品質が定められたのであれば，これを早く生産技術やサプライヤーへ伝達することで，開発を円滑に進める支えとなる．企業によっては，作成した二元表の外側に欄を設け，管理帳票の名称や番号を記し，関連を示すような使い方をしている．

次に，二元表と QC 工程表との関連である．1.3 節でも解説したが，QFD 提唱者の一人である赤尾博士は，QFD の提案にあたり，設計品質の決め方に関する方法論がなかったことに加え，QC 工程表が量産開始後に作成されていたこと，すなわち後手の管理になっていたことに問題提起をした．開発段階で重要な製品の品質特性または部品の品質特性が定まれば，これを QC 工程表の管理項目として設定をすることが可能である．また，これに大きな影響を与える要因系を管理するための点検項目や点検方法を整備できれば，前倒し型の開発を進めることができる．したがって，二元表に整理された情報を QC 工程表に落とし込むことで，前述の問題提起に対する一つの解になると考えたのである．表 2.3 に QC 工程表のイメージを示す．

QC 工程表の管理項目として記載されている項目が，完成品の品

表 2.3 QC 工程表のイメージ

工程図	工程名	管理項目 (点検項目)	管理方法				関連資料
			担当者	時　期	測定方法	記　録	
ペレット ▽ ① ② ▽	射出成形 バリ取り	厚さ寸法 (背圧) (保持時間) 接合部 平坦度	検査員 作業者 作業者 検査員	1日5回 開始時 開始時	ノギス 目視	管理図 チェックシート チェックシート チェックシート	検査標準

質特性もしくは部品の品質特性である．表 2.3 における「厚さ寸法」がこれに相当する．また，点検項目として記載されている「背圧」や「保持時間」がこれに影響を与える原因系の特性である．QC 工程表はプロセスで品質保証を進めるために，結果系の特性と原因系の特性の関係を明らかにし，その管理方法を規定した帳票である．これを開発の上流段階で整備する必要性が QFD 提案の発端にある．

QC 工程表を整備しているにもかかわらず，不良品が流出する現象があるという．この原因を調査すると，設計段階で重要と判断された品質特性と製造で管理している品質特性が異なっており，本来管理すべき項目がおさえられていなかったという話を聞く．これは設計・開発と製造で情報が共有されていないこと，あるいは認識の違いによる品質保証上の仕組みに関する問題である．

したがって，繰り返しになるが，二元表を作成しただけで終わるのではなく，会社内に整備されている管理帳票とのリンクを検討することで，より活きた QFD を実施できるようになる．ここでは管理帳票の代表として QA 表や QC 工程表を挙げたが，必ずしもこれ

に固執する必要はなく,自分の会社で用いられている管理帳票は何かを考え,二元表の情報を落とし込むことができるかを検討すればよい.

2.4 QFDが追い続ける理想

これまでの解説で,QFDとは何かを理解しはじめたであろう.QFDとは,開発情報の整理・整頓という目的に対し,二元表を用いて情報の連鎖を意識しながら製品の全体設計・詳細設計・工程設計を検討する方法論である.そして,QFDは情報の整理・整頓と共有をもとに"風通しのよい"開発プロセスの構築を目指しているともいえる.図2.5に,一般的な製品開発の流れを簡略的に示す.

図2.5において,開発プロセスに矢が突き抜けていることに注目してもらいたい.この矢が風通しのよいプロセスを意味している.

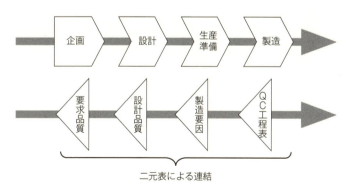

図2.5 製品開発プロセスとQFDの関係

筆者が様々な業界の方と開発プロセスの問題についてフランクに話をすると，ある共通項がみえてくる．表現が乱暴かもしれないが，設計部門の方と生産技術の方のコミュニケーションがまだまだ不十分（もっとストレートにいうと，両者の仲が悪い）なのである．

設計部門の発言は「なぜ我々の定めた設計どおりにモノが作れないのか．我が社の技術力はどうなっているのか？」であり，逆に生産技術部門の発言は「作れないモノを設計するのはどういうことか．我が社の設計者は現場のことをわかっているのか？」である．この主張はどの業界においても共通して聞こえてくる．

楽観的にみれば，両者はよい意味で永遠のライバルであるのかもしれない．したがって，設計と生産技術にはそれぞれの主張があってもよい．しかし，両者の主張が解決されないまま開発が進むと，最終的に困るのは製造部門である．量産開始と商品の販売時期が決まっているため，最後にあわてて消火処理をすることになる．最悪の場合は市場でトラブルを起こし，会社全体が損害を被ることになってしまう．

現在のように開発のリードタイムが急速に短縮化される傾向にあり，かつ品質保証を確実にしなければならない時代においては，いつまでもこの状況を容認するわけにもいかない．この永遠のライバルの関係をもう少し風通しのよい状態にしなければ，開発スピードへの問題に対応しきれなくなる．

もちろん，この問題に対してQFDが特効薬になるとは考えていないが，多少なりとも貢献できると思われる．図2.5に示すように開発プロセスの各部門では，それぞれが得意とする情報を有してい

るはずである．例えば企画部門は要求品質の収集や解析を得意とするし，設計部門は品質特性や設計品質の情報を得意とする．生産技術，製造も同様に得意とする領域がある．QFDは二元表を通じてそれぞれの部門が有する情報をつなぐことができる．互いの情報を二元表で関連付けることで，早期に解決しなければならない課題を明らかにでき，さらには設計変更を減らすことができれば，製造への負担も軽減できる．

スマートな開発プロセスの構築という非常に高いハードルのテーマではあるが，QFDは単に品質保証をサポートする方法論でなく，プロセス保証を実現するための方法論としての成長を目指している．

2.5 技術展開の考え方と二元表の構成

ここでは，技術展開の目的と二元表の構成を解説する．2.1節で説明した品質展開では，品質の視点から開発製品のあるべき姿を検討したが，これを実現する様々な技術が社内に存在しなければ，製品を具現化することはできない．そこで，技術展開では，技術の棚卸をもとに自社技術の体系化を図るとともに，競争優位性を築くコア技術や新たに開発をすべき技術の検討を行うことを目的としている．

製品が有形か無形かを問わず，製品を開発する際には技術が必要である．製造部門では製品を製造するための加工技術が求められ，間接部門では業務目的を達成する管理技術が必要となる．新製品開

発プロセスにおいては,自社の保有する技術を駆使した結果が製品となって顧客に提供される.これが受け入れられた場合には,顧客の満足が得られるし,逆の場合には不満足の評価をされる.したがって,新製品開発と技術とは密接な関係にある.

それでは,技術とは何であろうか.また技術をどのように表現し,整理すればよいのか.筆者は会社のスタッフに「御社のコア技術は何か」と質問することがある.答えは様々あり,例えば「プラスチック技術」であるとか,「切削技術」というような表現がなされる.何となくは理解できるが,これらの表現は非常に抽象的であることから,社内の技術を体系化したり,競争優位性を築くコア技術や新たに開発をすべき技術の検討を行ったりするためには,一つの技術を明確に定義するルールが必要である.

技術そのものに対する定義の議論は,技術論や技術学の分野でなされている.特に,体系説と適用説のそれぞれで考えられている定義が,互いに譲歩することなく議論されているようである[14].

細かい話をすると,体系説による定義では,技術を生産手段の体系としているのに対し,適用説による定義では,技術を生産的実践における客観的法則性の意識的適用であるとしている.前者の定義では,技術を生産手段に関する属性と定義しており,人的要素(技能)を技術に含まないが,後者では技術の定義に人的要素を意識しているものの,技術と能力との区別が難しいとされている.したがって,技術に関する一つの定義を技術論や技術学の分野に求めることは困難である.

そのため,QFDで技術展開を実施するためには,技術をどのよ

うに考えていくかを独自に明確にする必要がある．一般的に製造の場に限らず，人間の行為には，何らかの目的が存在する．この目的を実現するためには，いくつかの行為が存在するはずである．

QFDでは，この行為そのものを広い意味での技術と捉えることにする．例えば，二つの物質を接続することを目的とした場合，これを達成するための行為には，圧着，溶着，電着などが存在する．実際にはこの中から実行可能な行為を選択することになる．大藤らはこのように表現された行為を"技術作用"と呼んでいる．加えて，技術を表すには技術作用だけの記述では不十分であり，対象を明確にしたうえでの作用，すなわち，「対象＋作用」の表現によって技術を表現することを提案している[15]．さらには，この技術表現を用いて，該当する組織の技術を一覧表で整理することを"技術の棚卸"と呼び，技術展開を実施するための下ごしらえとしている．図2.6に，技術表現のポイントを示す．

上述した技術と新製品開発の関係においては，次の二つのポイントが重要となると考えられる．

ポイント（1）新製品開発におけるボトルネック技術（BNE）の抽出
ポイント（2）組織における技術評価

注　ボトルネック技術とは実現が困難な技術を意味する．何か困難な事象に対し，"ネック"という言葉を用いることがあるが，この表現は海外で通じないそうである．瓶の首が細くなっている部分と掛け合わせ，"ボトルネック"という表現であれば海外でも通じるそうである．これを略称でBNE（Bottle Neck Engineering）ともいう．

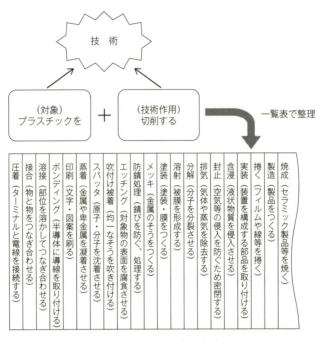

図 2.6 技術の表現方法

以降では,この二つのポイントに関する技術展開の方法について述べる.

(1) 新製品開発におけるボトルネック技術(BNE)の抽出

組織が保有する技術を表出化し,一覧表として整理した後にこれを新製品開発で活用することを考えよう.図 2.7 に BNE を抽出するための技術展開の構成を示す.この図では,技術表現のルールにしたがって表出した技術展開表を用いて,技術展開表と要求品質展

2.5 技術展開の考え方と二元表の構成

開表の二元表から，要求品質を実現する保有技術が存在するのか，また技術展開表と品質特性展開表の二元表から，設計品質を満足する技術は存在するかを検討している．

表2.4に，技術展開の例を示す．要求品質と技術との対応，設計品質と技術との対応を一つひとつ確認し，要求品質および設計品質を満足するような技術が存在しない場合には，これを BNE として登録し，技術開発を実施することになる．

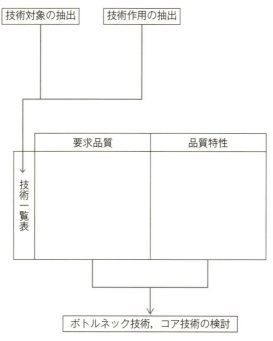

図 2.7 BNE 抽出のための技術展開の構成

第2章 総合的品質機能展開とは

表 2.4 BNE抽出のための技術展開の例
[出典 吉澤・大藤・永井(2004):持続可能な成長のための品質機能展開,日本規格協会]

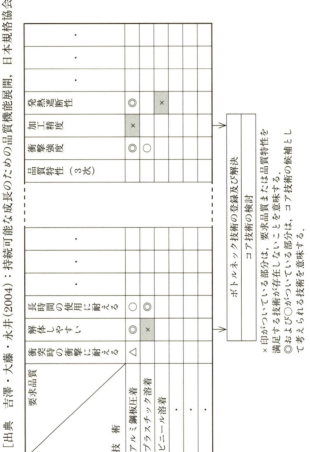

要求品質 \ 技術	衝突時の衝撃に耐える	解体しやすい	長時間の使用に耐える	…	品質特性(3次)	衝撃強度	加工精度	発熱遮断性	…	…
アルミ鋼板圧着	△	◎	○			◎		◎		
プラスチック溶着		×	◎			○	×			
ビニール溶着								×		
⋮										

ボトルネック技術の登録及び解決
コア技術の検討

×印がついている部分は、要求品質または品質特性を満足する技術が存在しないことを意味する。
◎および○がついている部分は、コア技術の候補として考えられる技術を意味する。

(2) 組織における技術評価

自社が保有する技術を社内で評価することも，競争力を見出す点で必要である．(1)では，技術表現を用いてBNEを抽出するためのアプローチを示した．ここでは表出された技術を社内で評価する方法を示す．図2.8に技術評価のための技術展開の構成を，表2.5にその一例を示す．

表2.5の左側は，技術展開表と部署展開表の二元表を示している．表出された技術を保有する部署を明確にし，部署におけるコア・コンピタンスを考えていくことが目的である．

さらに，中央の部分は，技術に対する評価として人員およびレベルの側面から評価を行うイメージを示している．技術は基本的に人に体化する性質をもつ．したがって，特定の技術を保有している人材を明確にすることによって，人的側面から捉えた技術マップを作

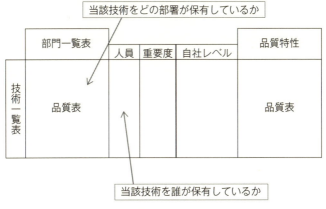

図2.8 技術評価のための技術展開の構成

表 2.5 技術評価のための技術展開例
[出典 吉澤・大藤・永井(2004):持続可能な成長のための品質機能展開, 日本規格協会]

技術＼部署	生産技術	製造	品質保証	...	...	...	専門人員	重要度	自社レベル	品質特性(3次)	衝撃強度	加工精度	発熱遮断性	...	...	...
アルミ鋼板圧着	◎	○	○				佐藤	5	強度○○Nを確保		◎	×				
プラスチック溶着	○	○	◎				青木	4	精度××が確保できない		○					
ビニール溶着		◎					鈴木	5	溶着面の透明化可能				×			
...																
...																
...																

成することが可能である．また現状の技術レベルも併記することにより，競合他社との競争の原動力となる技術を明確にすることが可能である．

表の右側には，技術展開表と品質特性展開表の二元表を位置付けている．これは前出の (1) で説明した BNE 抽出のための二元表と連結することが可能という意味である．

以下に，技術展開を実施する際のポイントを整理しておく．

(a) 技術の表出化

BNE を抽出し，これを解決するためには，組織が保有する技術を一度表出する必要がある．挙げ出したらキリがないという人がいるかもしれないが，キリはある．保有技術の全体を整理するうえでも一度は技術を表出してみることに価値がある．表出された技術に対しては，そのレベルを評価することが可能となり，企業競争力の源となる技術や，今後発展させるべき技術が何であるかを検討できる．また，企業での技術展開を用いた実例に興味ある読者は，他の文献を参照されたい[16]．

(b) BNE の検討

技術展開で BNE 登録された技術は，要求品質や品質特性を実現できるかどうかの視点によって抽出されている．技術の評価を行う際の視点には，そのほかにコスト面からの検討や信頼性からの検討も可能である．目標原価を達成するための技術や工法が存在するのか，あるいは所定の信頼性を確保できる部品や技術があるのか，技

術展開は 2.6 節で述べるコスト展開や，2.7 節で述べる信頼性展開と併用できる．

2.6 コスト展開の考え方と二元表の構成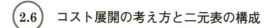

コスト展開の目的は，原価低減に関する課題の抽出や原価低減のための新たなアイデアを得ることである．原価低減には様々なアプローチがある．本節では，価値工学である VE (Value Engineering) への橋渡しとしてのアプローチと，2.1 節で述べた品質展開との併用からの原価低減を行うアプローチを解説する．

(1) VE への橋渡しとしてのコスト展開

VE とは，対象となる製品および工程の機能を定義し，この機能を満足しつつ，そのメカニズムを変更してコスト低減の方法を検討する手法である[17]．したがって，VE を進めるにあたっては機能定義を正しく行うことが必要である．VE における機能定義の考え方を図 2.9 に示す[17]．

VE では，図 2.9 に示すような機能定義を行ったのちに原価低減の検討を行う．検討にあたり，VE では価値 (value) を「価値＝機能÷コスト」と定義する．さらには分子の機能をコスト換算し，「価値＝機能を果たすために本来かけるべきコスト÷現状コスト」で表現することもある．上式より，価値を高めるためには機能を維持しつつ，分母のコストを下げればよいことがわかる．

例えば，図 2.9 に示されたライターの機能に「火花を発生する」

2.6 コスト展開の考え方と二元表の構成

機能とは

① 対象とする製品の働き（名詞＋他動詞で表現する）
② 製品の働きを手段に展開したときの下位機能
③ 機能は目的と手段の関係で階層表示できる（機能ブロック図とも呼ばれる）

ライターでの機能を考えると

① 製品の働きは何か　答え：対象物を燃やす
② 対象物を燃やすための手段に展開するとどのような機能があるか
　　答え：炎を発生する，ガスを導出する，火花を発生する
③ 機能は目的と手段の関係で階層表示できる（機能ブロック図とも呼ばれる）

　　　対象物を燃やす ── 炎を発生する ┬ ガスを導出する
　　　　　　　　　　　　　　　　　　　└ 火花を発生する

図 2.9 VE における機能定義[17]

がある．現状はこれを達成するメカニズムとして，やすりと発火石で火花を発生する方法が採用されているとする．火花を発生する方法にはそのほかに電子発火という方法もある．もしも後者の方がコストを下げて実現できるのであれば，火花を発生するという機能を維持しつつ，これを低コストで実現できるので，価値の指標を従来よりも高くできる[18]．このように，製品の機能定義をもとに原価低減の方策を検討する方法が VE である．

VE への橋渡しとして QFD を適用する場合には，まず対象製品の機能を系統的に整える必要があり，これを QFD では"機能展開表"と呼ぶ．そして，整理された機能と対応させる二元表をどのように構成するかには様々なパターンが考えられる．図 2.10 に代表

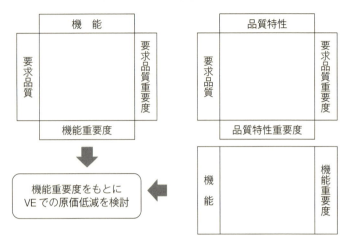

図 2.10 VE への橋渡しとしてのコスト展開の構成

的な二つの二元表を示す．

一つ目のパターン（図中左）は要求品質と機能の二元表であり，要求品質重要度を機能重要度へと変換し，重要な機能に対して VE 検討項目を抽出するものである．この二元表の役割は，顧客の要求に対応する機能を明らかにし，さらには重要な要求品質に関連する重要な機能を抽出することや，要求品質に対応する機能のぬけやもれを検討することである．ただし，要求品質と機能の二元表では，デザインに関する要求品質を機能で対応付けることが困難な場面もあるため，要求品質のすべてを機能に置き換えられないことを考慮する必要がある．

二つ目の二元表のパターン（図中右）は品質特性を仲介させ，先と同様に重要度の変換を繰り返しながら機能重要度を算出し，この

結果に基づいてVE展開する機能を抽出するためのものである．この二元表の役割は，作成した品質表を活かしながら重要機能を明らかにすることであり，要求品質と機能の対応が取りにくい場合に有用である．品質特性の多くは機能と密接な関係になることから，技術の立場で機能の評価を行う際に活用するとよい．

このほかにも機能と組合せを行う候補は存在するが，QFD適用のテーマに応じて適切なものを選択すればよく，必ずしも図2.10の二元表に固執する必要はない．VEへの橋渡しとしてのコスト展開では，重要機能をいかに抽出するかが理解できれば十分である．コスト展開の例を表2.6に示す．この例では，品質特性を部品の機能に展開し，VE検討項目となる部品を明らかにしている．

(2) 品質展開との併用によるコスト展開

2.1節で紹介した品質展開を併用し，原価検討を行うことも可能である．このコスト展開の目的は，目標原価と見積原価の対比からコスト視点でのBNEを抽出することにある．

原価企画とは，新製品開発において製品の目標原価内で所定の品質を確保する活動である．目標原価の設定には，以下に示す2通りの概念が存在する[10]．

　　　　目標原価＝目標売価―目標利益　　……［1］
　　　　目標原価＋目標利益＝目標売価　　……［2］

［1］式および［2］式は移項によって同等となるが，式そのものが有する基本概念は全く異質である．［1］式は販売価格や販売数量，競合他社の状況から定められた目標売価から，企業の中・長期

表 2.6 VEへの橋渡しを目的としたコスト展開の例
[出典 吉澤・大藤・永井(2004)：持続可能な成長のための品質機能展開，日本規格協会（一部修正）]

要求品質 \ 品質特性	本体高さ寸法	ガス導出量	防水性	・	・	要求品質ウェイト
強風の中で着火する	◎	◎				0.2
雨にぬれても使用できる			◎			0.1
握りやすい形である	◎					0.1
・						
・						
品質特性ウェイト	0.1	0.3	0.2			

部品機能						機能ウェイト
気化ガスを誘導する		◎				0.2
導出ガス量を調整する		○				0.1
液化ガスと気化ガスを分離する	○	◎				0.3
・						
・						

★ VE検討項目

計画による経営企画から決定された目標利益を引くことによって算出された目標原価である．これに対し，[2] 式は目標原価に対し目標利益が加えられることによって，目標売価が決定される．

通常，目標売価は前述のように販売価格や販売数量によって経営企画面から算出されたものであるため，自由にコントロールできない．ある意味で目標売価は制約条件でもある．したがって，一般的には [2] 式の概念によって目標売価が決定されることはあり得ない．このことから，[1] 式の考え方によって得られた目標原価内で製品開発を実現しなければ，利益を圧迫してしまうことが理解できよう．

QFD が原価企画面で活用されるのは，定められた目標原価と見積原価との比較を行い，目標原価内で所定の品質を満足する製品が開発できるかを検討する場合である．製品企画段階で目標原価と見積原価との対比を行いながらコスト低減を検討することに使用される．コスト展開の構成を図 2.11 に，その一例を表 2.7 に示す．

表 2.7 に示すように，目標原価を機能展開表に求められた機能ウェイトへ比例配分すれば，特定の機能に必要な目標機能原価を与えることが可能である．顧客の要求を満足する製品を開発するのはもちろんのこと，これと同時に所定の目標利益の確保は同時に扱われるべきである．QFD におけるコスト展開は，品質確保と原価企画の両者を結合させる意味を有する．

原価企画といっても，そこには基本構想段階，目標原価設定段階，目標原価達成段階と区別できる．QFD の寄与度が高いのは基本構想段階ならびに目標原価設定段階であり，後の目標原価達成段

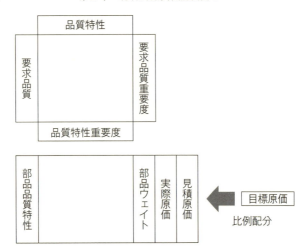

図 2.11 品質展開との併用によるコスト展開の構成

階で用いられる手法への橋渡しとしてコスト展開が位置付けられるのが適切であろう．品質展開では 2.1 節でも述べたように，顧客の要求品質を実現するための設計品質およびこれと関連する機能や機構，部品を明確にすることが目的であった．各種二元表を作成する際に，重要度の変換作業を通じて各展開表に重要度が定まる．これに対して目標原価を比例配分することで，原価検討を実施することが可能である．

図 2.2 に示した QFD の全体構想図においては，機能原価，機構原価，部品原価を網羅的に捉えるために，すべての展開表に対して目標原価を配分するように書かれている．これらのすべてを実施する必要はなく，原価検討を行う際に，どのレベルでの原価検討を行うかを検討するとよい．部品レベルでの原価検討が目的であるなら

2.6 コスト展開の考え方と二元表の構成

表 2.7 品質展開を併用したコスト展開の例
[出典 吉澤・大藤・永井 (2004):持続可能な成長のための品質機能展開,日本規格協会 (一部修正)]

品質特性\要求品質	本体高さ寸法	ガス導出量	防水性	· · ·	要求品質ウェイト	要求品質原価
強風の中で着火する	◎	◎			0.2	10.0
雨にぬれても使用できる			◎		0.1	5.0
握りやすい形である	◎				0.1	5.0
· · ·						
· · ·						
品質特性ウェイト	0.1	0.3	0.2			
品質特性原価企画	5.0	15.0	10.0			

	部品品質特性	本体高さ寸法	ガス導出量	防水性	部品ウェイト	部品原価企画
ノズル	ノズル穴精度		◎	○	0.3	15.0
	ノズル寸法	○	◎	○		
	ノズル底寸法		○			
タンク	·				0.3	15.0
ヤスリ	·				0.1	5.0
·	·					
·	·					

目標原価 50 円を配分

ば，部品重要度に対して目標原価を配分すればよいことになる．

品質展開を併用したコスト展開には課題もある．重要度に応じて比例配分された目標原価が何を意味するかという点である．重要度が高い機構や機能，部品には，これに応じた原価配分を行うという考え方を採用しているが，もともと原価が高いもしくは安い傾向にある部品も必ず存在し，このような部品は比例配分された目標原価との乖離が大きくなってしまう．これらが本当にコスト BNE であるかについては研究の余地がある．

2.7 信頼性展開の考え方と二元表の構成

信頼性展開が有する目的は，製品で保証すべき品質特性を明確にし，さらにはこれらの品質特性で起こり得る故障に着目して，信頼性の確保について考えることである．品質表で設定された設計品質や，これを実現するサブシステム，部品を明確にし，FTA（Fault Tree Analysis）および FMEA（Failure Mode and Effects Analysis）を用いながら信頼性の検討を行う．

例えば，製品を構成する部品に対して FMEA を実施する場面を考える．筆者が相談を受ける質問として，構成部品点数が非常に多い場合に，すべての部品に対して FMEA を実施できないが，その場合にはどのようにすればよいかという問いである．もちろん，それなりの工数をかければすべての構成部品に対して FMEA を実施することができるのであろうが，実際問題を考慮すれば，人と時間に制約があるため困難である．それでは，数ある構成部品の中から

2.7 信頼性展開の考え方と二元表の構成

FMEAの対象とする部品をどのように選定すればよいであろうか.

QFDにおける信頼性展開は,二つのアプローチを考えている.第1は,製品の過去に生じたトラブル(過去トラ)をベースとした製品の故障に着目したアプローチである.第2は,品質表で整理された要求品質に対して信頼性企画を設定するアプローチである.以降ではそれぞれのアプローチについて解説する.

(1) 製品の故障に着目した信頼性展開

製品の故障に着目したアプローチをとる際には,過去トラを中心とする故障の体系を整えることが前提になる.QFDでは,この故障の体系をFT展開表と呼ぶ.FTとはFault Treeの略称であり,故障を系統的に表したものである.さらには,故障の系統にその発生確率を加えて解析するものがFTAである.

FT展開表では,FTAで用いられるand記号やor記号を用いずに,系統的に故障を表現する.現在開発中の製品が既存改良型であることを前提とし,過去の不具合を系統的に表示したものがFT展開表である.

二元表の構成としては,図2.12に示すように,要求品質展開表とFT展開表の二元表を出発点とし,要求品質と故障の関連を把握する.さらに要求品質重要度をFT展開表へと変換することによって,重要故障項目を抽出することが可能となる.この重要故障項目をFMEAへと展開し,影響度の大きさや解決手段を講じる検討を行う.さらに,FT展開表と部品特性展開表の二元表から重要故障に対応する重要部品または重要部品特性を明らかにし,部品に

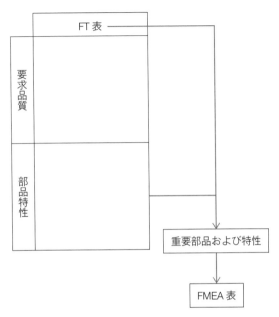

図 2.12 製品の故障に着目した信頼性展開の構成

ついての FMEA へ展開するアプローチとなっている．要求品質重要度を FT 重要度に変換し，さらには FT 重要度を部品特性重要度へと変換することで信頼性の視点から捉えた重要部品を抽出し，FMEA によって影響度の把握や故障の未然防止策を検討する考え方である．表 2.8 に信頼性展開の例を示す．

　図 2.12 ならびに表 2.8 に示す二元表の構成は，要求品質展開表と FT 展開表，さらには部品特性展開表との関連から FMEA を実施するアプローチを示している．これらは信頼性展開を実施する際の一つのたたき台を示しているにすぎない．これ以外にも機能展開

2.7 信頼性展開の考え方と二元表の構成

表 2.8 製品の故障に着目した信頼性展開の例
[出典 吉澤・大藤・永井 (2004): 持続可能な成長のための品質機能展開, 日本規格協会 (一部修正)]

FT展開 要求品質	芯不良	ガス圧力不足	Oリングのくたり	・	・	・
強風の中で着火する	◎	◎				
雨にぬれても使用できる		○	◎			
握りやすい形である						
・						
・						
・						
FT重要度	8.0	16.2	12.2			

部品展開	部品	部品品質特性				部品特性重要度	重要部品	
	ノズル	ノズル穴精度	◎			93.1	◎	部品FMEA
		ノズル寸法	○			23.0		
		ノズル底寸法				187.4	◎	部品FMEA
	タンク	・						
	ヤスリ	・						
	・	・						
	・	・						

表とFT展開表の二元表を考えることも可能である．故障という側面から製品を捉えた場合に，要求品質との関連をみるか，あるいは機能との関連をみるのかは，信頼性展開を実施する目的で決まる．

(2) 要求品質に着目した信頼性展開の考え方

(1)では過去トラの情報を用いた信頼性展開の考え方を示した．このアプローチは過去に類似製品が存在し，かつ信頼性に関するある程度の知見が得られている状況で有効である．これに対し，新規開発製品や信頼性に関する知見が十分でない場合には，信頼性企画なるものを設定し，これを構成部品へと展開して信頼性に関する知見を蓄積する必要がある．このような場合には，品質表で整理された要求品質に対して信頼性企画を設定する考え方が有用である[19]．要求品質に着目した信頼性展開の構成を図2.13に，その一例を表2.9に示す．

図2.13は品質表をベースとして，これを部品特性へと展開する構成になっている．2.1節で示した品質展開の構成図と類似しているのが理解できよう．品質表における品質企画は，市場要求を実現するうえで重視すべき項目を品質の側面から検討する．

これに対し，図に示している信頼性企画は，品質企画と同様の作業を信頼性の側面から検討することを意味している．100円ライターを例に考えると「強風の中でも着火する」という項目がある．信頼性企画では，この性質や性能をどの位の期間保証するのかを考えることになる．風速○○mでも確実に着火するという信頼性を確保するのか，あるいは1 000回の着火を保証するなど，要求品質

2.7 信頼性展開の考え方と二元表の構成

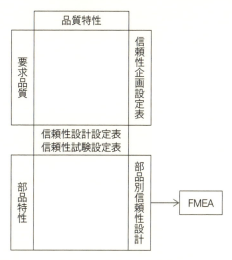

図 2.13 要求品質に着目した信頼性展開の構成

に対しての信頼性企画を設定できる．

また，信頼性企画は品質特性に対しても考えることが可能である．着火と関係のある品質特性の一つに「ガス導出量」という特性があるが，この特性をどの程度の期間や回数で保証すべきかを信頼性企画として考えることも可能である．一般に行われている寿命試験や耐久試験は，品質特性に関する試験を実施していることから，ある信頼性試験がどの要求品質を実現するために必要であるのかを品質表の対応関係から把握することができる．

さらに，信頼性企画で設定された情報を部品特性へと展開することにより，製品の信頼性を確保するうえで重要な構成部品や部品特性を明確にできる．信頼性展開によって抽出された重要部品や重要

表 2.9 要求品質に着目した信頼性展開の例
[出典 吉澤・大藤・永井(2004):持続可能な成長のための品質機能展開,日本規格協会(一部修正)]

要求品質＼品質特性	本体高さ寸法	ガス噴出量	防水性	・	・	・	信頼性企画
強風の中で着火する	◎						風速○○mで着火,1 000回保証
雨にぬれても使用できる			◎				耐水1年保証
握りやすい形である	◎						形状変化なしを10 000回保証
・							
・							
・							
信頼性企画							

部品品質特性				信頼性企画
ノズル穴精度(○○±△)	◎	○		精度変化量××(10 000回使用時)
ノズル寸法(××±△)	○	◎		10 000回使用保証
ノズル底寸法		○		
・				
・				
・				

部品特性に対してFMEAやFTAを実施することで，故障の未然防止検討に役立てることができる．いずれにしても，QFDにおける信頼性展開とはFMEAやFTAに代表される信頼性手法への橋渡しを行うことが主たる目的となっている．

2.8 本章のまとめ

本章では，総合的品質機能展開を構成する品質展開，技術展開，コスト展開，信頼性展開のそれぞれが有する目的を中心に解説し，さらには二元表の構成と例を用いて情報を整理する方法を述べた．二元表の組合せには様々なパターンがあることを理解できたと同時に，これらのベースは品質展開で説明した全体設計・詳細設計・工程設計からなることも理解できよう．品質展開で整理された各種の情報を技術・コスト・信頼性の検討に応用でき，開発を進めるうえでネックとなる項目や，重要視しなければならない項目をハイライトさせることができる．

本章の解説で注意をしたいのは，文中に示した二元表の構成はあくまでも一例を示しているにすぎず，これを真似したところで必ずしもQFD適用の成果を得られないことである．各種の展開でどのようなアウトプットを得たいのか，さらにはどのように二元表を構成するかはQFDプロジェクトにかかわる者で検討されなければならず，本章で示した二元表の構成を参考にして自らが作成すべき二元表を考える必要性がある．二元表の構成を自らが考える重要性については，次章で紹介する事例を通じても理解できる．

第3章 品質機能展開の事例から学ぶ実践のポイント

　本章では，製品開発へのQFDの適用事例と開発プロセスでの運用事例を紹介し，ここから我々が学び取れる事項を共有したい．特に，QFDの適用事例はある特殊な分野の製品紹介になる．自分とは関係ない製品と安易に判断するのではなく，この事例から筆者が何を伝えようとしているのかを推察してほしい．また，QFDの運用事例については，社内への展開を図るために，どのような工夫がなされているかを読み取っていただけるとよい．

　QFDの事例紹介は社内・社外の研修を問わず，受講者から多く寄せられる要望である．場合によっては競合他社の事例を紹介してほしいとリクエストを受ける．しかし，QFDは開発にかかわる内容をオープンにしてしまうため，簡単に公開することはできない．それゆえ，紹介できる事例は開発から10～20年経過したものとなり，現在の状況とは相当のタイムラグがある．

　したがって，他社の事例から学ぶことはもちろん重要であるが，それよりも自社で何をしたいのかをじっくりと考える方が重要である．ここで紹介する以外の事例を参照したい読者は，これまでの研究成果がまとめられている文献を参考にするとよい[20]．

3.1 QFD の適用事例—Jurassic QFD[21]

ここでは新製品開発における QFD の適用例として，米国のオーランドにあるユニバーサル・スタジオ内のジュラシック・パーク (Jurassic Park) アトラクションで使用されている恐竜の開発事例を紹介する．実際に作成された二元表などを紹介するが，事例の詳細を解説するのは本質でない．なぜならば，多くの読者は恐竜と無関係の仕事をしているからである．それでは，この事例から筆者は何を伝えようとしているのかを推察しながら読み進めてほしい．

アトラクションで使用される恐竜の開発を行ったのはカナダの MD Robotics 社である．同社は米国 NASA のサプライヤーの一つとして，スペースシャトルで使用される荷物の出し入れを行うロボット・アームなどの設計・開発を行っている．

同社が QFD に着目したきっかけは，恐竜のコンセプトを検討する段階で，デザイナーとエンジニアが情報共有を行う必要性が存在していたことにある．図 3.1 に示すようなデザイナーが描いた 60 枚ほどの恐竜のスケッチから重要視すべきものを見極めたのちに，これを設計要件に落とし込む必要があった．もちろん，同社のメインビジネスは恐竜の開発ではないため，ターゲットとする顧客にどのような恐竜を提供すればよいかもわからず，スタートから難易度の高い開発であったと思われる．

QFD の適用にあたり，プロジェクト・チームが採用した二元表の構成を図 3.2 に示す．最初の二元表は，恐竜の感情表現とデザイナーが作成したスケッチ（ストーリーボードと称されている）から

3.1 QFD の適用事例

©Storyboards by Hall Train (August 1996)

図 3.1 恐竜スケッチの一例
[出典 Glenn H. Mazur, Andrew Bolt (1999): *Jurassic QFD*, Transactions of the 11th Symposium on Quality Function Deployment[21]]

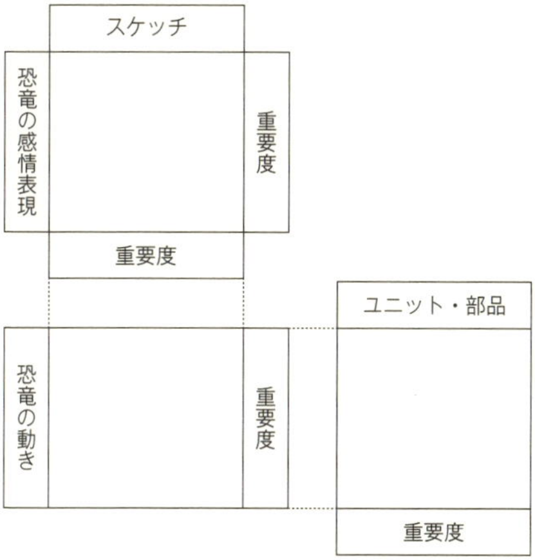

図 3.2 恐竜の開発に適用された二元表の構成

重要スケッチを選択することを目的としている．続いて，重要なスケッチから恐竜に必要とされる重要な動き，さらにはそれを達成するのに必要とされる重要部品を明らかにして，最終的には技術評価やサプライヤーの選定に使用された．

実際に QFD の適用が試みられたが，プロジェクトは様々な問題を有していた．例えば，本製品の顧客は誰なのか，顧客にどのような価値を提供すればよいのか，顧客は何を求めているのか，などである．特に，顧客は何を求めているかの情報を収集するのは難しい．なぜならば，我々は本物の恐竜を見たことがないため，アンケートで魅力的な恐竜とは何かを質問をされても回答できないのである．

この困難な状況を打破するために，プロジェクト・チームはターゲットとする顧客を具体化した．顧客はアトラクションへの来園者であるのはもちろんであるが，その中でも小学生の子供を連れた家族をターゲットとし，子供が喜ぶ恐竜の開発を進めることになった．検討を進めるにあたり，子供がどのような場面で喜ぶのかを知る必要があるが，先にも述べたように我々は恐竜時代を知らないし，恐竜と人間が接する機会など想像もつかない．したがって，プロジェクト・チームは子供たちが喜ぶ場面を解析する代替施設を探す必要があった．

チームが選定した代替施設は動物園である．恐竜を動物に置き換え，子供が動物と接しているどのような場面で喜んでいるのかを，観察行為によって知ろうと試みたのである．観察の結果，チームが発見した子供の喜ぶ場面は，"頭部との接触（頭をなでる）"と"視

3.1 QFD の適用事例

線の合致"であった.さらには,子供が求めているのは近寄れるお友達としての恐竜であって,決して本物そっくりの怖い恐竜ではないことを発見した.当初,チームはリアルな恐竜の開発を目指していたが,これらの発見により,開発の方向性を修正することになった.この観察行為により,QFD を適用する際には顧客の要求を出発点とするよりも,子供が喜ぶ恐竜の感情をよりどころとし,これをスケッチや動作,部品へと展開するのがよいという結論に至り,最終的に図 3.2 に示すような二元表の構成が完成した.

実際に作成された二元表の一部を表 3.1 から表 3.3 に示す.表 3.1 は,恐竜の感情表現に対する重要度をスケッチの重要度に変換し,重要なスケッチを導き出している.表中に示されている"weight"欄の数値をみるとわかるように,スケッチ番号の 53 や 56 が恐竜の感情を作り込む際の重要なスケッチと判断されていることがわかる.

表 3.1 から重要視すべきスケッチが判断されたが,スケッチはあくまでも静止画である.したがって,次のステップではスケッチを実現させるために,恐竜にどのような動きをもたせるかを検討し,表 3.2 に示す二元表が作成された.表 3.1 と同様に,スケッチのウェイトを動作のウェイトへと変換し,重要動作が検討されているのがわかる.表 3.2 で明らかにされた重要動作を実現する部品の検討を行った結果が,表 3.3 である.詳細な解説は省略するが,ウェイトの変換により品質の作り込みにおいて重視すべき部品が明らかにされている.

第3章 品質機能展開の事例から学ぶ実践のポイント

表3.1 恐竜に表現させる感情とスケッチの二元表 ［出典21)］

Storyboard #	7		8	52/54/55	53	56	59/60/29/58	61	62/63	to	8/64/6 5	
Emotional States	defensive posture		angry/aggressive	visual response	blinking	nostril flare/sniffing	Skin twitching/flexing motions, 1/2	skin temperature	breathing 1/2		poses and views	IMPORTANCE
Distressed	9		9	9	9	9	9		9			2
Startled				9	9	9	9		3			3
Surprised				9	9	9	9		3			3
Playful				9	9	9	9		3			3
Happy				9	9	9	9		3			4
Absolute weight	83		69	339	351	327	351	0	201			
Sales Point weight	1		1	1.2	1.5	1.5	1	1	1.2			
Storyboard weight	1.5		1.2	7.2	9.3	8.6	6.2	0.0	4.2			

注　表中の対応関係に用いる記号は数値で示されている．◎は9として，○が3として記入されている．

表3.2 スケッチと動作の二元表 ［出典21)］

Body Motions / Storyboards		left front leg 3 pitch	lft yaw	lft roll		Skin articulation	Storyboard weight
7	defensive posture	3	3	3			1.5
8	angry/aggressive	9	9	9			1.2
42	step backwards	9	9	9			4.2
49	throat movement						2.3
50	tongue movements						4.2
51/57	jaw movement 1						5.2
52/54/55	visual response						7.2
53	blinking						9.3
56	nostril flare/sniffing						8.6
59/60/29/58	Skin twitching/flexing mot	2					6.2
62/63	breathing 1/2						4.2
to 6/18/48/64/65	poses and views						0.0
	Absolute Wt.	397.4	397.4	397.4		0.0	
	Body Motion Weight	2.93	2.93	2.93		0.00	

3.1 QFDの適用事例

表 3.3 動作とユニット・部品の二元表 ［出典[21)]］

Body Parts Body Motion	HEAD ASSEMBLY												NECK		
	head base structure	eye mechanism	tongue mechanism	nostril mechanism	mouth mechanism	breathing mechanism	jaw muscle mechanism	cheek muscle mechanism	frill muscle mechanism	ear muscle mechanism	head shell and skin	neck mechanism	upper neck muscle	lower neck muscle	neck shell and skin
left front leg 3 pitch															
lift yaw															
lift force into ground															
right front leg 3 pitch															

そのほかに製品の故障モードに着目して未然防止を図る二元表が作成され，結果として低コスト・迅速な設計・高い信頼性を有した恐竜が開発されたそうである．参考として図 3.3 に恐竜の骨格構造を示す．筆者の私見であるが，重要な感情を出発点として，重要スケッチ，重要動作，重要部品へと情報を連鎖させることで，いわゆる "重点志向" が実現され，無駄な部品が取り除かれたことが低コストでの製品実現に貢献していると思われる．

図 3.3 恐竜の骨格構造 ［出典[21)]］

来園者は実際にアトラクション内にいる恐竜に触ることが可能である．この恐竜はいびきをかいたり，足をバタバタと動かしたり，排尿をしたりと来客者からの注目を集めたそうである．

この事例から我々は何を学び取ることができるだろうか．二元表の中身を議論するのは本質でなはく，この事例は我々がQFDに取り組む際に必要な知見を示してくれている．筆者が読み取った成功のポイントは，次の二つである．

第1は，図3.2からわかるように，品質表がこの事例には出てこない．もちろん顧客の要求を収集するのが困難な製品という事情を有するが，"QFDはとにかく品質表から"という概念を捨てている点に注目したい．目的不在のままに品質表を作成する危険性を第2章で述べたが，本事例はこれを守っている点で優れている．

第2は，プロジェクトが有する目的に応じた二元表の構成を自らが考えている点である．第2章で示した総合的QFDの二元表とは全く性格の異なる図となっている．以上を整理すると，QFDを実務で使いこなすためには，他社事例や文献に示された二元表を参考にするのに加え，自分達に必要な二元表の構成を描くことのできる能力を養う必要がある．

QFDでは，前出の図3.2に示した二元表の構成図を"QFD構想図"と呼んでいる．このQFD構想図を作成するためのトレーニングが，QFDを使いこなすためには必要不可欠である．そこで，次章では，QFD構想図の作成方法を目的とした解説を行う．

3.2 QFDの運用事例—日産車体(株)におけるQFDの運用[22]

次に，日産車体（株）におけるQFDの運用体制報告から，我々が学ぶことのできる事項を整理してみたい．同社は2007年度に日本品質奨励賞品質革新賞を受賞している．品質革新賞は創造的な革新性をもったTQMの仕組みを有する組織に与えられる賞であり，同社の品質を基軸とした経営が他の模範となるとして表彰を受けている．

QFDは社内への展開が難しいといわれている．なぜならば，各種の二元表を作成するために，複数部門の人間を巻き込む必要があるからである．もちろん，設計者が一人で二元表の作成に取り組む場面もあるが，これでは開発プロジェクトとの同期が取りにくく，情報のぬけやもれが発生する．これを防ぐためにも複数人による作業を推奨しているが，そのためには共同作業の合意を得る必要があり，これがQFDを社内展開する難しさとなっている．したがって，組織的にQFDの展開を進めるのであれば，開発プロセスにおけるQFDの位置付けを明確にし，ある程度のルール化を行うことが有効となる．そこで，同社の事例からルールを確認してみたい．

まず，同社が設定した中期目標として「品質を基軸とした企業体質の再構築」があり，これを実現するための一つの方策としてQFDに着目している．報告では，QFD着目の経緯として，次の3点が述べられている．

① 超短期開発と品質の両立を図る必要があった．

② ITの高度化と標準化に伴い，エンジニア間のコミュニケー

ションが希薄となっていた.
③ 開発・生産・調達のグローバル化に伴うコミュニケーション・ツールが不可欠であった.

同社では,QFDの社内導入にあたり,まずは特定車種での適用トライアルからQFDの効果を把握し,適用車種の拡大を図っている.特に「お客さまアンケート」での評価値向上を意識し,車両全体を捉えてQFDの適用が試みられた.また,会社独自のツールである「目標達成シナリオ(図3.4)」とQFDを連携することで,顧客の要求に対する目標の設定,品質特性に対する設計値の設定,工程管理項目の明確化,さらには工程能力の実現を円滑に進めることが目的とされている.

目標達成シナリオシートとQFDの連携を図るために,図3.4に彼らが考えた二元表の構成を示す.二元表は第2章で解説した品質展開で用いられるパターンとほぼ同じである.目標達成シナリオシートに記載された各種の情報の関連性を意識して二元表を構成しているのが特長である.さらには,二元表での検討結果を第2章で紹介したQA表に落とし込んでいるのも特長的である.QFDを全社の品質保証の軸と定め,開発や一部の領域だけでの活用とならぬように意思統一が図られている.

次に,開発プロセスにおけるQFDの位置付けである.図3.5に示すように縦軸に部門を,横軸に開発プロセスを取り,QFD運用の位置付けを明確にしている.ここで着目すべきは,最初に実施されるDR (Design Review) よりも早い段階で,QFDによる情報

3.2 QFD の運用事例

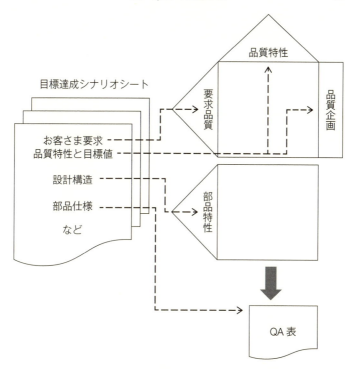

図 3.4 日産車体(株)における二元表の構成
[文献[22]を筆者が一部修正]

整理が行われる点である．各種二元表は設計部門が主体となって作成されるようであるが，この結果をもとに実験部における各種実験内容の検討や製造での工程検討が行われ，QFD を DR におけるコミュニケーション・ツールと位置付けている．さらに，DR を経て QA 表および QC 工程表の発行がなされ，いわゆる"開発の後戻り"がないように意識されている．

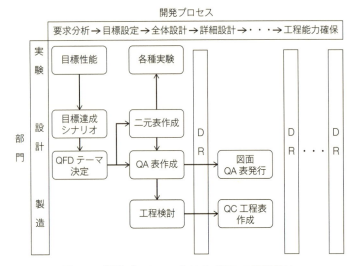

図 3.5 開発プロセスにおける QFD の位置付け
[文献[22)]をもとに筆者が作成]

このように,日産車体(株)では自動車開発に対して全社的に QFD の運用を行っており,その成果として次の 5 点を挙げている.

① 顧客満足の向上

　　QFD の適用前後で 100 台あたりの不具合指摘件数を比較したところ,これが減少していることが確認された.特に顧客が目で見て触ることの部位(外装,内装など)に顕著な違いがあった.

② 開発コストの削減

　　QFD や他の開発マネジメントツールを有効に利用することで設計変更回数が従来よりも約 90％削減され,型修正に

かかるコストが約 70% 削減された．

③ 技術知見の蓄積

　自動車の開発で得られたノウハウをデータベースに蓄積する仕組みが構築され，これに QFD で整理された情報も蓄えられ，次期型車の開発に使用できた．

④ 人材の育成

　顧客視点でものづくりを行う姿勢が醸成され，さらには設計者の論理的思考力が向上された．

⑤ 企業風土の変化

　かつては KKD（勘・経験・度胸）で行いがちであった開発風土が，QFD の活用によって論理的思考による議論型へ変化した．

以上の効果は必ずしも QFD 単体によるものとはいえないが，開発プロセスをマネジメントするにあたり，各種マネジメント手法と QFD を併用して成果を収めた事例である．

この事例からわかることは，社内へ QFD を展開する際には，開発プロセスにおける QFD の位置付けを検討し，これに合意を得たうえで運用するのが重要という点である．QFD の社内展開を考えているすべての企業でこのような検討を行う必要があるかはわからないが，全社的に導入を考える際のポイントを学び取れる報告といえよう．

3.3 本章のまとめ

本章では，QFDの適用事例と運用事例からQFDの実践におけるポイントを整理した．前者のQFD適用事例からは，必ずしも品質表を作る必要はないこと，QFD構想図を自らが作成することの重要性を学んだ．さらに後者のQFD運用事例からは，組織的にQFDを運用する場合には，開発プロセスにおけるQFDの位置付けを明確にすることが重要であることを学んだ．

組織にQFDを展開する方法は各社各様でもあるため，画一的な導入方法は存在しないが，QFDプロジェクトを成功させるポイントとしてQFD構想図の作成は共通項となり得る．他社の事例を真似て二元表を作成するのではなく，プロジェクトの目的に合致した二元表を作成する必要がある．しかし，基礎知識なしにQFD構想図を作成するのは非常に難しい．そこで，次章ではQFD構想図を作成するためのコツを解説する．

第4章 品質機能展開構想図を描くためのコツ

　前章では事例を通じて，開発製品にQFDを適用する際には，構成すべき二元表を自らが考えることの重要性を学んだ．QFDでは二元表の構成を示す図を"QFD構想図"と呼ぶが，QFDを取り扱う際にはこのQFD構想図を自らで作成できるかがプロジェクトを成功に導く重要な要素となる．

　しかし，QFDは適用の自由度が広いため，実務でQFD構想図を作成する際に困難を伴う．筆者が過去に経験したケースからその困難さを整理すると，次のことがいえる．

　第1に，QFDを適用する際に万能な二元表が存在しないことがある．例えば品質表はQFDに取り組むうえで軸となる表である．顧客指向のものづくりを行うためには顧客の要求を整理する必要があり，さらには製品特性との関係を捉えておくことが開発者に求められる．しかし，品質表を必ず作らなければならないというルールはない．組織が品質表を作成する目的を理解し，表から何を読み取りたいのかを明らかにしておかなければ，ただの二元表で終わってしまう．このことを理解せずに，とりあえずは品質表をという理由で二元表を作成すると，表を作ること自体が目的となってしまい，本末転倒の結果を生む．

　次に，第1の難しさに関連するが，事例を真似る危険性である．

QFD に関する報告を参考にすれば，企業での適用事例をみることができる．しかし，これを真似して二元表を作成しても役に立つ保証はない．言い換えれば，事例はその企業にとっての最適な QFD の進め方であり，決して一般解ではないのである．ある程度 QFD を理解した人であるならば，どのような二元表を作成すべきかを自ら考えることができるが，QFD について全くの初学者の場合，作成すべき二元表を自ら考えるのは相当の困難を伴う．

以上を総括すれば，QFD は"自ら考える姿勢"が強く求められる方法論といえる．言語データを取り扱うがゆえに，適用方法の自由度が非常に広いのである．他人の作成した二元表を真似することは学習という意味で大切であるが，本格的に QFD を使いこなすためには，自らが QFD をコントロールする必要がある．

本章では，自らが考える QFD の進め方について，そのポイントといくつかの方法を紹介する．筆者が近年に企業内研修で取り入れている方法や，セミナー団体で実施している内容を解説する．

4.1 従来の QFD トレーニングと現在

表 4.1 に，これまでに行われてきた社内研修および社外研修の QFD プログラムを示す．これは，品質表の考え方が提唱され，さらには品質表の作成手順が示された当時の内容である．一般的なパターンとして，4 日程度の研修メニューが組まれ，品質表の作成方法を修得することが主たる目的となっている．企業が品質表の効果に関心をもち，開発製品への適用を考えていた時代の話である．

4.1 従来のQFDトレーニングと現在

ここで着目したいのは，品質表作成の演習に15時間程度を要している点である．もちろん，しっかりとした品質表を作成するためにそれぞれの手順を理解することは重要である．しかし，品質表を作成するためだけに時間を使いすぎている．筆者は演習のお手伝いをしながら勉強をさせていただく立場にあったが，この点がとても気になっていた．セミナーの参加者は本当に品質表の作り方だけを修得したいのか，さらには品質表の作り方を学んだ受講者が自社で実践してくれるのかという疑問であった．

想定内であったが，セミナー後のアンケートには，「品質表の作り方を理解したが，実務でどのように使ったらよいかがわからな

表4.1 従来のQFDトレーニング内容

日	プログラム
1	AM 講義：QFD概論
	PM Workshop 1：顧客要求の把握と要求品質展開表の作成
2	AM Workshop 2：品質特性展開表の作成
	PM Workshop 3：品質表の作成
3	AM Workshop 4：品質企画の設定と商品イメージの作成
	PM Workshop 5：作成した品質表のレビュー
4	AM 講義：QFD適用事例の紹介
	PM 演習成果の発表，総合質疑応答

い」,「自分は信頼性展開に興味があったのに,演習できなかった」,「自分は素材メーカーでのQFDの進め方を学びたかった」といった声が寄せられていた.つまり,彼らは品質表の作成だけにとどまるのではなく,総合的品質機能展開や業種別の対応の方法を修得したかったのである.

その後,セミナーに対する改善が試みられ,品質展開を中心としたワークショップを取り入れるなど,カリキュラム変更が試みられたが,セミナーでは仮想製品(自社製品ではなく,日常使用する製品)を用いた演習が行われていたため,受講者の満足度はなかなか高まることがなかった.さらには4日間という長期間の日程に対する指摘もあり,QFDトレーニングの内容を抜本的に見直す必要性に迫られた.筆者なりに悩み,多くの意見をいただきながら,ようやく落ち着いたトレーニング内容が表4.2である.

これまでに強調してきたように,QFDを実務で使いこなすためには,QFD構想図を自ら作成できるようになるのが前提である.

表 4.2 QFD構想図の作成を中心としたQFDトレーニング

日	プログラム
1	AM 講義:QFD概論(品質表の作成演習を含む)
	PM Workshop 1:QFD構想図の検討
2	AM Workshop 2:事例による構想図の検証
	PM Workshop 3:成果発表ならびに総合質疑

したがって，演習のほとんどはQFD構想図の検討に使われている．また，QFDにおける品質表の役割をおろそかにはできないため，大藤の提案による"1時間で書ける品質表"を座学に盛り込み，品質表とは何かを学ぶ基礎編から，徐々にハードルを上げていくプログラムとしている．トレーニングに費やす日数も従来の半分であり，受講者の負担を軽減した．

さらに，演習のテーマは社外・社内での研修を問わず，自社製品を扱うことにしている．これによって，仮想事例での研修ではなく，より実務に近い内容でQFD構想図の書き方を学べる点が従来と異なる．表4.2に示したプログラムが完成形とはいえないが，少なくとも従来のように品質表を作成するだけの研修からは大きく進化している．次節からは，ワークショップで解説しているQFD構想図の作成方法を解説する．

4.2 目的ベースによるQFD構想図の作成方法

QFD構想図は作成する二元表の全体を示したもので，海外ではハウス・ブロック図とも呼ばれている．QFDに取り組む際にどのような展開表（もしくは一覧表）を整え，さらにはどのような二元表を作成するかを示した図である．また，展開表は系統図（ツリー構造）の形で示されるため，これを三角形で示し，展開表と展開表の二元表を四角形で示しながら二元表の全体を表す．

QFDを実施する際にまず検討すべきは，この構想図を考えることである．この構想図を作成せずにQFDを始めるということは，

小舟を大海に漕ぎ出すようなものであり，途中で挫折してしまう可能性がある．以下に，QFD 構成図の作成手順と注意点を示す．

手順 1　QFD 実施の目的を明確にする．

開発製品および解決すべきテーマにおいて QFD で明らかにしたい事項を検討する．関係者のテーマに対する問題認識や，QFD によるアウトプットの認識を統一するためにも，十分な時間をかけて検討するとよい．

よくみられる QFD 実施のテーマ例として「××製品の品質の安定化」，「顧客満足の向上を図るための QFD」，「顧客のクレーム低減のための QFD」，「××製品に関する品質展開」などがある．QFD 実施の目的が明確になっているように見えるが，これらのテーマは非常に曖昧な表現であり，QFD で何をしたいのかが全くわからない．したがって，必要に応じてサブタイトルや背景説明を加えて，目的の具体化を図るとよい．

例えば，「顧客満足の向上を図るための QFD」について考えてみよう．顧客満足と謳っている以上，顧客の要求を整理することが予想される．それでは，整理した後にどうするのであろうか．あるいは整理した結果をどのような管理帳票類に落とし込むかを検討するとよい．

それでは，テーマを適切に記述するにはどうすればよいか考えてみよう．仮想の話であるが，次のような記述をしたとする．

4.2 目的ベースによるQFD構想図の作成方法

> 現行製品である××(製品名)に対して顧客から数多くの要望を受けている.また,社内でも従来扱っていなかった技術を採用した製品であるため,品質特性をコントロールするための要因が十分に把握されておらず,出荷までに多くの調整作業を要している.したがって,次期開発製品では顧客の要望を満足するための重要品質特性を明らかにして設計品質を定め,さらには,品質特性をコントロールするための工程要因を明らかにし,結果をQC工程表に反映したい.

このような記述でテーマを具体化しておけば,QFDを適用する際にメンバー間の理解にずれが生じない.二元表を作成している過程では,自分達がなぜQFDに取り組んでいるかを見失ってしまう場面がある.その際には当初に設定されたテーマを参照し,活動の方向性がずれないようにチェックするとよい.そして,このような形でテーマを具体化できないのであれば,それは現状の問題認識が足りないともいえる.そのような状況でQFDに取り組んでも,期待した効果は得られないであろう.

手順2 目的達成に必要と考えられる展開表(もしくは一覧表)を選定する.

QFDで二元表を作成する際に必要と思われる展開表(もしくは一覧表)を整えるべきかを検討する.

QFDは市場の要求を把握することの重要性を強調しているので,一般的には品質表の作成から始めるのが典型的なパターンであ

る．しかし，業種によっては消費者の要求を収集するのが困難な場合もあるので，必ずしも要求品質展開表の作成から始める必要はない．どのような展開表を準備すべきかについては，品質機能展開を実施する目的と関係する．

過去に実施されたQFDにおいて有効とされる展開表として，表4.3に示す項目がある．選定の際の参考にするとよい．

表 4.3 QFD で用いられる各種展開表の例

要求品質展開表	品質要素（特性）展開表	企画品質設定表
設計品質設定表	機能展開表	機構展開表
ユニット・部品展開表	工法展開表	シーズ展開表
コスト展開表	原価企画設定表	素材展開表
FT 展開表	信頼性企画設定表	計測機器展開表
測定方法展開表	業務機能展開表	技術展開表
不具合展開表	製造工程制御要因展開表	保証項目展開表
用途展開表	部品特性展開表	素材特性展開表
素材構造因子展開表	方策展開表	部品 FM 表
QA 表	QC 工程表	
など		

手順 3　選定した展開表（もしくは一覧表）をどのように組み合わせて目的を達成するかを検討する．

手順2で選定した展開表（もしくは一覧表）を，二元表としてどのように組み合わせればよいかを検討する．その際に参考となるのは，第2章で示したQFDの全体構想図である．しかし，注意を要するのは，全体構成図は機械・組立産業において総合的にQFDをイメージするために整理された図という点である．

この構成図では四つの大きな展開と業務機能展開から構成され，第1の柱である品質展開では市場の要求に対する実現性を機能面・技術面から検討し，第2の柱である技術展開では設計品質の実現性を技術面から検討している．そして，第3の柱であるコスト展開では目標原価から開発の可能性を検討し，第4の柱である信頼性展開では過去の不具合についての未然防止を検討する．

第2章でも強調したが，総合的QFDに示された二元表をすべて作成する必要はない．初学者へのヒントとして，（狭義の）品質展開は全体設計，詳細設計，工程設計そのものであると述べた．つまり，全体から部分へ（完成品から部品や工程へ）の視点で構想図を作成するとよい．

手順4　二元表の周辺に必要と考えられる諸表を検討する．

構想図を作成する際に忘れられがちであるのが，二元表の周辺に必要とされる諸表の検討である．例えば品質表を作成する際に，要求品質に対して企画品質設定表を加えるのか，また品質特性に対して設計品質設定表を加えるかどうかなど，どうしても二元表ばかりに着目するあまり，この手順をおろそかにしてしまいがちである．

手順5　検討結果を三角形と四角形を用いて整理し図示する．

最終的に，手順1から手順4までに選定した展開表と諸表を組み合わせながら，二元表の構成案を作成する．その際に重要度をどのような道筋で変換していくのかを考慮しておくと，二元表を作成する際に便利である．

以上の手順から作成されたQFD構想図は，QFDを適用する際の設計図に相当する．QFDを進める際のロードマップはQFD構想図にすべて記入されているので，作業の途中で常に構成図を参照できるようにしておくとよい．また，必要であれば二元表を作成して何を知りたいのかを，二元表から吹き出しで記入しておくと便利である．

4.3 テニスラケットを用いたケース・スタディ

ここではテニスラケットを事例とし，4.2節で説明したQFD構想図の作成手順を確認する．

テーマ：市場クレームの低減を目的としたQFD

テーマの具体化：

　現在市場に展開しているテニスラケットについては市場での不具合が多く，顧客から多くのクレームを受けている．したがって，クレームの中から特に重要視すべき項目を選定し，これに対応するラケットの設計品質の見直しを図りたい．また，新たに設定された設計品質に対してはQA表への落とし込みを行う．あわせて，品質特性に関連する部品の品質特性および工程管理項目に至る関連を明確にした後に，これらの情報をQC工程表に反映することを目的とする．

手順1 QFD 実施の目的を明確にする．

上に示したとおりである．

手順2 目的達成に必要と考えられる展開表（もしくは一覧表）を選定する．

テーマの具体化に書かれている事項を参考にすると，以下の展開表（もしくは一覧表）が必要となりそうである．

  ・市場クレーム

  ・（完成品の）品質特性

  ・（部品の）品質特性

  ・工程要因

テーマの文章を読んだ際に，整えるべき展開表（もしくは一覧表）に要求品質が必要と考えた読者がいるかもしれない．QFD で扱う要求品質とは，製品に対する要求の中でもポジティブな側面を指している．

これに対し，今回のテーマではネガティブな要素である市場でのクレームをベースとしているので，ラケットに対する要求品質を整理するのではなく，クレームそのものを整理する必要がある．したがって，必要な表として市場クレームと記述していることを確認してほしい．

手順3 選定した展開表（もしくは一覧表）をどのように組み合わせて目的を達成するかを検討する．

手順2で選定した展開表（もしくは一覧表）をどのようにつなげればよいかを検討する．その際に意識するのは，QFDとは全体設計から工程設計へと情報を連鎖させることである．列挙した項目の親子関係を系統的に記入すると，項目間の関係を捉えやすい．

このケース・スタディでは，市場クレームを出発点として全体設計，そして詳細設計を行うため，情報の親子関係を記入すると図4.1のようなイメージとなる．

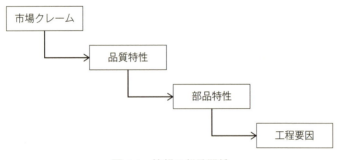

図 4.1 情報の親子関係

手順4 二元表の周辺に必要と考えられる諸表を検討する．

テーマ背景に設定された内容を考慮すると，二元表の周辺に必要な諸表は次のとおりである．

・企画品質設定表
・（品質特性に対する）設計品質設定表
・QA 表

- （部品特性に対する）設計品質設定表
- QC 工程表

図 4.1 に対し，これらの諸表を加味したものを図 4.2 に示す．

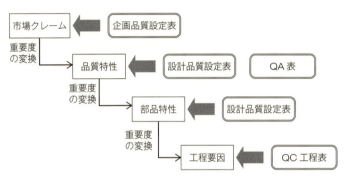

図 4.2 関連する諸表を考慮した親子関係

手順 5 検討結果を三角形と四角形を用いて整理し図示する．

以上の結果について，二元表を用いて示したものが図 4.3 の QFD 構想図である．

4.4 自業務の分析ベースによる QFD 構想図の作成方法

4.2 節ならびに 4.3 節で解説した構想図の作成方法は，QFD 適用の目的をベースとしている．ここでは QFD 実施の目的を明確にするとともに，これを明確に記述できるかがポイントになる．しかし，QFD を初めて学ぶ者にとっては，目的そのものを明確に記述することが難しい場面もある．QFD がよくわからない状況で目的

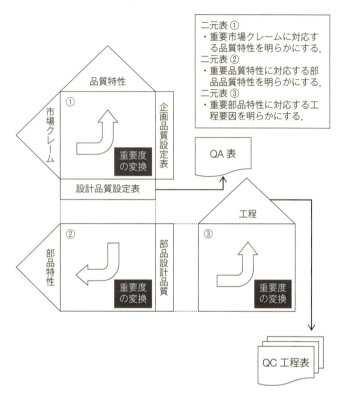

図 4.3 完成した QFD 構想図

を記述せよといわれても，作業が進まないのである．

その際には，自業務の分析をベースとして構想図を作成する方法がある[23]．開発という業務に限らず，我々が行う業務は"入力・処理・出力"の関係で記述することができる．これを一般には"プロセス"や"システム"ともいう．我々の業務はプロセスの連鎖によって成り立っており，ある人の業務の出力がほかの人の業務の入

力となり,新たな出力を生む.この入出力情報の連鎖を QFD 構想図の検討に役立てることができる.図 4.4 に,製品開発に関連する業務と入出力情報の関係を整理した結果を示す.

各業務に関係する入出力情報は必ずしも 1 種類だけではないが,我々が業務を行う際には必ず入力情報があり,これに処理を加えた結果がある.例えば,製品企画の業務における入力情報には市場情報(市場規模,競合他社,自社製品のシェア,顧客要求など)があり,これに基づいて企画担当者は製品企画書を作成する.この企画書に基づいて,製品設計では製品企画書や過去トラ,顧客の要求を踏まえて製品設計を行い,製品仕様書を作成する.これが,部品設計や工程設計,設備設計へと連鎖されるのである.

この入出力関係をフロー図で示すことが,QFD 構想図の作成に

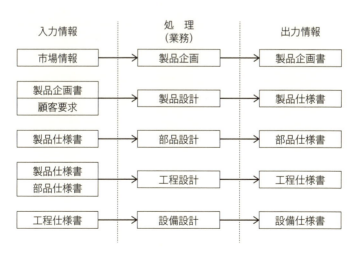

図 4.4 開発業務と入出力情報

つながる.目的ベースでの QFD 構想図作成が困難な場合に有効な手段であり,自業務の棚卸という観点からも有用な方法である.以下に自業務の分析をベースとした QFD 構想図の手順を示す.

手順 1　自業務における入出力情報を明らかにする.

まずは自分の業務が何であるかを明確にしたうえで,その業務を達成するのに必要な入力情報と求められている出力情報を明らかにする.なお,複数の入出力情報が業務に関係する場合もあるので,その際には特に重要な情報に焦点をあてて整理するとよい.図 4.5 に,製品設計を業務の例とした入出力情報の明確化の例を示す.

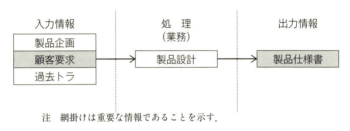

注　網掛けは重要な情報であることを示す.

図 4.5　製品設計業務に関する入出力情報の明確化の例

手順 2　自業務の前工程または後工程の業務に対する入出力情報を明らかにする.

QFD で情報整理を行う業務範囲を決定し,それぞれの業務における入出力情報を明らかにする.ここで大切なことは,情報の入出力関係の連続性である.

先にも述べたように，自分の業務の入力情報は前工程業務の出力情報であり，自分の業務の出力情報は後工程業務の入力情報になる．この情報連続性が途絶えてしまう現象は，業務が単独のプロセスで完結する場合や，孤立している場合である．一般に，開発業務は単独作業では行われないため，情報の関連の連続性を意識することで，重要な入出力情報の見落としを防いだり，製品開発における役割を明確にしたりすることができる．図 4.6 に，後工程の業務を意識した場合の入出力情報の明確化の例を示す．

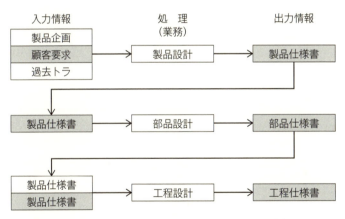

図 4.6 後工程を意識した業務の入出力情報の明確化の例

手順 3 二元表で整理したい業務範囲を定め，これを構想図で表す．

自分の業務を含め，二元表で情報整理を行う前工程業務や後工程業務の範囲を定める．自分の業務を見直すために，自業務に限定し

て二元表を作成することも悪くはないが，QFDは情報の連鎖を意識した方法論であるので，可能であれば自業務以外の範囲を定めることが望ましい．

例えば，今回の検討業務範囲を図4.6に示した自業務の製品設計から後業務である部品設計までとする．自業務の出力である製品仕様書と，後工程の業務である部品設計との関連を整理するのであれば，そのQFD構想図は図4.7のようになる．この二元表の結果をもとに，部品設計を行う開発者とコミュニケーションを図り，情報のぬけやもれを検証することで，互いの情報共有のレベル向上につながる．

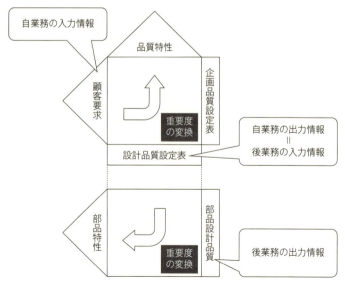

図4.7 後工程業務を含めたQFD構想図の例

本節で解説した QFD 構造図の作成手順は，第 1 章で述べたプロセス保証との関連が深い．第 1 章で紹介した単一プロセスとは，入力情報を処理して出力情報を得るモデルである．このモデルを自業務に当てはめて，自業務に重要な入力情報と出力情報を簡潔に表現したのが本節の構想図作成手順である．

　第 1 章でも述べたが，プロセス保証においては単一プロセスの完成度を高めることと，複数プロセスの連鎖を強固なものへとすることが重要である．例えば，あるプロセスにおいて十分といえない処理が行われ，曖昧な出力情報が得られたとしよう．開発業務は複数プロセスの連鎖であるから，曖昧な出力情報を受け取った担当者が繰り返し曖昧な処理を行えば，さらに曖昧な結果を生んでしまう．この"曖昧"という負の連鎖が開発業務に存在すると，開発された製品が顧客ニーズに合致していないとか，当初ねらっていた開発製品とは異なる姿になってしまうという結果になりかねない．つまり，曖昧の連鎖が曖昧な製品を生む危険を有している．

　このような事態を最小とするためにも，まずは自業務のプロセスを整え，完成度の高い出力情報を次業務に引き継ぐ必要がある．この考えを具体化させたのが，本節で説明した自業務の分析ベースによる QFD 構想図の作成方法である．

4.5　QFD 構想図の検証

　4.3 節ならびに 4.4 節で述べた QFD 構想図の作成方法から作成した構想図は，必ずしも 1 回で納得のいくものとはならず，試行

錯誤を重ねながらその完成度を高める必要がある．つまり，初期の段階で作成したQFD構想図で完成とするのか，あるいは構想図の再検討が必要であるのかを検証する必要がある．

この作業は，QFD構想図にいくつかの事例を記入して行われる．例えば，図4.7に示した構想図では，要求品質・品質特性・部品特性の情報が必要とされている．それぞれについて，4～5項目の事例を記入して，簡易的な二元表を作成するとよい．そのうえで，これらの二元表が自分たちのイメージしている内容に合致しているか，さらにはQFD適用の目的に合致しているかを検証する．

簡易的な二元表がイメージに合致していれば継続して二元表を作成する作業を進めればよく，逆の場合は再度構想図を見直して新たなものに変更する必要がある．このようなQFD構想図の検証作業を行うことで，作業の全面的なやり直しを未然に防止できるし，構想図を作成するテクニックを身に付けることが可能となる．

4.6 本章のまとめ

本章では，QFDを実務で使いこなすために必要とされるQFD構想図の作成方法について述べた．QFDを実務において適用する際には様々なテーマが予想されるため，目的を達成するための適切な二元表を自ら考えることが必要である．この作業はQFDの初学者において困難を伴うが，QFD構想図の作成方法をマスターすることによってQFDを強力な武器にできる．

本章のまとめとして，QFD構想図を書く際のポイントを示す．

(1) 初期の QFD 構想図は失敗してもよい．

QFD 構想図は誰でも簡単に書けるものではない．しかし，QFD の考え方を理解し，複数回の適用を経験すれば構想図の作成は難しいことでない．そうはいっても，初めて QFD 構成図を作成した場合には，自らが考えた図が正しいかどうか不安になるはずである．その際には（2）で述べる策を講じればよい．

ここでは QFD 構想図をはじめから完璧に書こうとしない点を強調したい．構想図を書いた結果が意に沿わないならばそれでよい．作成し直せばよいだけのことである．急がば回れということわざにもあるように，QFD 構想図は十分な時間をかけて検討し，レビューをすることが大切である．

(2) 構想図が記入できた時点で，少数の例を入れてみる．

QFD 構想図が固まった時点で，それぞれの展開表（もしくは一覧表）に 5 項目程度の例を記入するとよい．自分が思い描いているイメージの二元表ができそうか，あるいはそうでないかをチェックできる．もしもイメージと異なるのであれば，それは QFD 構想図に何らかの不備があることを意味する．その際には QFD 構成図を再度検討し，新たな図を作成することになる．

(3) 例を記入した後に，目的に合っているかを検証する．

QFD は二元表を作成することが目的ではないので，二元表を作成した際に，テーマの背景として記述した事項が達成できるのかを検討する．達成できそうな場合はよいが，そうでない場合は，記入

した例が不適切であることやQFD構想図に不備があることが予想される．その際には，元に戻って作業をやり直す必要がある．

また，はじめから完成した二元表を意識して，たくさんの情報を入力するのは推奨しない．構想図が変更されるのに伴って，すべての二元表を作成し直す作業が生まれるからである．何回も二元表を作成し直すことで疲弊し，QFDをあきらめてしまう可能性がある．そのためにも (2) で説明したように，簡易的な二元表を作成しながら，徐々に完成度を高めていくのがよい．

第5章 品質機能展開のさらなる発展

本章では，QFDに関する最新の状況を紹介するとともに，QFDがさらなる発展をするために必要と思われる課題を整理する．そのために，QFDのこれまでから現在を振り返りながら今後の転機について考察を示す．

5.1 QFDの三つの転機

(1) QFD誕生の背景

筆者らは，QFDには三つの転機があると考え，1966年から1975年をQFDの第1世代と称している[12]．そもそも赤尾博士はQFDの構成を品質展開と狭義の品質機能展開（現在のJIS Q 9025では業務機能展開と変更されている）の総称と示しており，前者が開発製品の品質目標を議論する方法論であるのに対し，後者は品質を形成する職能ないし業務を議論する方法論としている[4]．

つまり，QFDの基礎研究として当初は大きく分けて二つの関心があった．一方は製品そのものの品質（あるいは品質目標）を開発上流段階でどのように扱うかという議論で，他方は品質確保のための業務をどのように体系的に整理するかという議論である．このことは水野・赤尾もその著書において述べており，いずれも日本の品

質管理活動が製造部門から全社的な活動へと発展した時期と一致する[24]．QCがTQCへと拡大されるに伴い，製造以外の部門でいかに品質保証を実施するのか，さらには品質保証体系と関連する業務をいかにして抽出するかが研究課題であった．

また，1960年代の後半から1970年代の初頭には，新製品開発と品質保証の関係に研究の着眼があった．特に，品質管理が最も得意としていた製造工程での品質保証をより確実なものとするために，開発上流段階で工程の管理項目と点検項目（結果系と原因系の管理項目）を明確にするための方法が必要とされ，ブリヂストンタイヤによる工程保証項目一覧表が一つの解を示していた．赤尾はこの工程保証項目一覧表に"品質設計の着眼点"を加え，品質展開の基礎となる考え方を示した[25]．当初の品質展開構想には現在のような二元表は現れず，特性要因図を併用して製品保証項目と工程保証項目との関連が示された様式となっていた．そして，製造でのQCからTQCへの拡大時期において，開発上流段階での品質保証を具体化する考え方として，品質展開が提唱された．

(2) QFDの第1の転機

当初の品質展開は主として特性要因図を利用して保証項目の検討を行う様式であったが，ここに大きな転機をもたらしたのが"品質表"の登場である．筆者らは1976年の品質表発表から1995年のQFD拡大期を，QFD第2世代と称している[12]．

品質表は1972年から1973年にかけて船舶開発での事例が報告され，特に三菱重工神戸造船所による報告が品質表の原型といえ

る[8]. 当初の品質表では真の品質, 機能, 代用特性の関連が二元表で関連付けられ, 品質管理活動を体系的に進めるための基準とされていた. 赤尾はこの品質表を自身の提唱していた品質展開に融合する試みを開始したのである. また, 当時の品質表では前述した真の品質, 機能, 代用特性の表現方法と使い分けに難しさが存在していたため, 品質表を作成する手順を示すことが要望されていた.

品質表の提唱から各社での適用に拍車がかかったのは, 赤尾によって品質展開システムの手順が明確にされたこと[24], さらには赤尾, 大藤, 小野によって品質表の作成手順が示されたことが大きな要因である[5]. 顧客の要求を出発点として製品の品質目標および工程での保証項目の関連がいわゆる"芋づる式"に可視化できるようになり, 顧客志向のものづくり, マーケット・インの思想を具現化する方法論としてQFDは進化した.

品質表作成の手順が示され, QFDを適用する企業が増加したが, これに伴ってQFDの利用目的も多様化した. 赤尾らは総合的品質展開として, 品質・コスト・技術・信頼性展開を提案し[9), 10)], さらには大藤, 小野, 永井はQFDの様々な利用ケースを示した[15]. また, QFD研究会での成果が出版化され, 多くの人が他社の事例を参考にすることが可能となった[20].

以上に述べたように, 品質表の提案によってその普及と拡大が加速されたのがQFDの第2世代といえよう.

(3) QFDの第2の転機

品質表をはじめとするQFDの普及と拡大を第2世代とするなら

ば，QFDと他の開発管理手法との融合期を第3世代と呼ぶことができる．筆者らは1996年頃からの進化をQFD第3世代と称している[12]．

品質の高水準化，他社製品との競合の激化など，近年の社会変化に応じて，製品開発をサポートするツールが増加している．品質管理分野においては，新QC七つ道具（N7）や商品企画七つ道具（P7）をはじめとして言語データを解析する手法が開発され，開発の上流段階で活用可能なツールが整備された．また，魅力製品の開発や顧客価値創造と呼ばれる新たな考え方も提唱された．

QFDは時代の変化に伴って第2の進化を遂げたと考えられ，QFDと他の開発管理技法との融合こそが，第3世代のQFDの特長といえよう．QFDは開発情報の因果関係を意識しながら，二元表を用いて情報を整理・整頓することに強みを有する方法論である．したがって，重要な顧客要求に対応する製品の保証項目は何かを明らかにし，さらにはこれを実現するために重要となる構成部品や機能は何かを考え，最終的に重要な工程保証項目を因果連鎖的に明らかにすることを可能とした．

しかし，これ以上の事項が明確になることはない．例えば，重要な保証項目が明らかになったとしても，現在の技術では保証レベルに自信がない場合には，これをどう解決するかの方策までは示してくれない．したがって，QFDを今以上に強力な方法論として使いこなすためには，他の管理工学技法との融合が必要となる．

この第3世代のQFD研究は現在も進行中であり，永井・大藤はQFDと統計手法との融合，QFDとTRIZの融合，QFDと品質

工学との融合などをまとめ，e7-QFD（evolution 7-QFD）を提唱し，現在のところケース・スタディを通じた有用性の確認を行っている[12), 13)]．また，赤尾はQFDについてナレッジマネジメント分野からの考察を行い，両者の融合を論じている[26)]．

QFDは新製品開発における製品品質にフォーカスするという意味で不変ではあるが，誕生期のキーワードであった新製品開発における品質保証，さらには品質表の登場による二元表の連鎖を用いた開発情報の可視化，さらには最適解を導くための他の管理・改善手法との融合といった形で進化を遂げている．

したがって，開発にかかわる技術者は，その場に適した方法論やツールを取捨選択することが必要になった．また，複数のツールをうまく組み合わせながら解を導き出すことも必要とされている．つまり，所定の手順にしたがって手法を使うという時代から，その場で最適な手法を選択し，さらには複数の手法をうまく組み合わせながら最適解を導き出す時代へと変化したのである．

5.2　顧客の要求分析に対する課題

QFD第2世代で登場した品質表は，顧客の要求と製品の品質特性の二元表であり，両者の関連を捉えながら製品の品質目標を明らかにするという点で優れた特長を有する．しかし，魅力的な製品開発，あるいは他社との競争優位性を図る製品開発という視点からは，研究課題が存在する．表5.1を例として，品質表に存在する課題を考えてみる．

品質表を誰が書くのかという問題とも関係するが、仮に設計者が品質表の作成する場面を想定する。品質表は要求品質と品質特性の二元表であるから、構成そのものに難しさはない。しかしながら、形式的に書かれてしまう二元表には、表5.1に示すような三つの難しさがある。

①は要求分析の不十分さである。いわゆる思い付きや過去の失敗経験からだけで要求品質が記述された場合、①に並ぶ要求品質は極めて当たり前の内容となる。さらには、製品不具合を発生させたくないという意図から、トラブルに偏った項目が記述されてしまう。これでは魅力的製品の議論に及ばないであろうし、他社製品との差別化因子を見出すことも困難である。

①に示すように「パワーがある」と顧客要求を記述しても、顧客は実際にどのような場面を意識しているのかが不透明なまま項目が独り歩きする。急な坂道を意識してエンジンのパワーを求めているのか、信号が変わったときの出足を意識してパワーを求めているの

表5.1 エンジンを例とした品質表の一部
[(一財)日科技連内QFD研究会WGにて作成]

要求品質＼品質特性	馬 力	トルク	・
パワーがある	◎		
・	②		
・			
・			
設計品質	200馬力		

① （左端の列をまとめる記号）
③ （設計品質行を指す記号）

5.2 顧客の要求分析に対する課題

かで,実現すべき要求の意味が変わってくるはずである.開発において役立ち,さらには解析に耐え得る要求品質をどのように抽出すべきか,要求品質の記述について研究課題が残る.

これと関連するのが②の対応関係である.技術者の経験と思い込みで「パワー＝馬力」と決め付けられ,対応記号が記入されてしまう可能性がある.しかし,パワーの話が急な登り坂を意識した要求であるならば,「トルク」にも対応記号が付けられるはずである.いわゆる,設計者の思い込みで対応関係が付けられてしまい,これが独り歩きすることで開発の方向性を誤ってしまう可能性があるので注意が必要である.

以上の作業で,何となく要求を分析し,何となく対応関係を付けた品質表から定められた製品の品質目標に,果たして説得力があるだろうか.また現状の延長線上,いわゆる達成できそうなレベルの品質目標が記入されてしまうと,差別化された製品へと発展する可能性は低くなり,革新的な製品にはなり得ない.品質表を作成しても当たり前のことしか出てこないという批判を受けるが,何となく行った作業の連鎖が一因になっている可能性がある.

この状況を打破し,さらなる進化を遂げるためには,要求品質の分析に新たな方法を見出す必要がある.現在の QFD では,要求品質の源となる情報として VOC (Voice of Customer) を利用するが,VOC にすべてを依存することにも限界があることを知っておきたい.

例えば,自動車用のヘッドライトを例に簡単なアンケートを実施してみると,VOC として「長時間使用できる」,「対象物がよく見

える」,「メンテナンスが容易である」,「対向車のライトがまぶしくない」などの声が得られるであろう. しかし, この VOC に斬新さはない. さらには, これらの VOC から革新的なライトが開発されるとも考えにくい. つまり, 顧客自身も魅力的な製品とは何かがわかっていない, あるいはわかっていても要求を上手に表現できないのである.

　テレビコマーシャルからもわかるように, 現在のヘッドライトは常にハイビームで広範囲を照射して走行し, 対向車や前方車がいる場合にはこれをカメラセンサーで捉え, これを画像解析して照射範囲を自動に変化させるレベルまできている. このようなヘッドライトが VOC ベースで開発されたのか, あるいは技術先行型で開発されたのかは不明である. しかしながら, 従来の VOC 依存ではこのような発想は生まれにくいことから, 技術先行型の開発と考えた方が妥当である.

　顧客志向と技術指向の議論については, 顧客志向という言葉が有する幻想性を指摘し, 真の顧客志向型製品開発を実現させ, 破壊的なイノベーションを実現するためには, マーケティング部門とR＆D部門のインターフェースをマネジメントする必要があるといわれている[27]. また, VOC の解析に加えて顧客の深層心理を読み解くためには, 顧客の態度, 表情, 行動を観察し, 要求を推察することが必要になってくる. これについて, 筆者は顧客の深層心理を把握するためには, VOC の解析に加え BOC (Behavior of Customer) の解析が重要な要素となると考えており, 非言語コミュニケーションを顧客要求分析に活用する方法を提案している.

5.3 ノンバーバル・コミュニケーションによる顧客心理の分析

例えば,サービス業では無形の商品を顧客に提供するため,サービス提供プロセスにおける重要管理項目を明らかにし,これを標準化することで提供するサービスの品質レベルを統一するのが可能となる.しかし,サービス提供者の個人差,いわゆる"ちょっとした仕草"に相当するものは標準化に至らない.

人は誰でも癖をもっており,緊張するとネクタイを触る,つい腕組みをしながら話してしまうなど,本人すら気付いていない癖があるものである.その程度なら気にしなくてもよいと考えてしまいがちであるが,顧客から見れば,些細な癖が気になりはじめるとそちらに気が向いてしまい,最終的にはマイナスの評価をいただくような場面がある.よいサービスを提供しているにもかかわらず,つまらぬ部分で損をしてしまう可能性がサービス業には存在する.

我々が他者とコミュニケーションを取る際に,言語により何かを伝える方法は"言語コミュニケーション"(VC:Verbal Communication,非言語により何かを伝える方法は"非言語コミュニケーション"(NVC:Non-Verbal Communication)と呼ばれる.NVCの研究者である,マジョリー・F・ヴァーガスは著書の中で,図5.1に示すように,我々のコミュニケーションはその35%が言葉によるものであり,残り65%は動作やしぐさによるコミュニケーションであると述べている[28].我々は他人との会話の中で,相手の発した言葉を理解しようとすると同時に,相手の表情やしぐさ,態度を観察しながら良好なコミュニケーションが取れる

ように相手を分析している．

さらに，NVCを構成する要素および領域（正しくはメディアと呼ばれる）は，表5.2に示す九つからなる．我々は，表に示される非言語による手段を用いて（あるいは無意識のうちに），自分の感情を相手に伝えている．逆に，相手が発するこれらの信号を会話の中で読み取り，相手の心境を察しながら，コミュニケーションを図っている．

以降では，無形商品の開発という視点から，No.2に挙げた動作を中心としてNVCの活用について考える．表5.3に，動作を構成するさらに具体的な要素を示す．表からわかるように，動作による意思表示といってもその種類は様々である．親指と人差し指で丸を

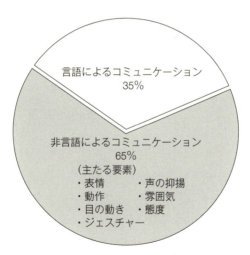

注　図中の割合は非言語コミュニケーションの研究者の一人である，レイ・L・バードウィステルによる分析結果であると記述されている．

図 5.1　言語と非言語によるコミュニケーション

表 5.2 NVC の領域[28]

No.	領　域	備　考
1	人体	例えば性別，年齢，体格，皮膚の色など
2	動作	人体の姿勢や動きで表現されるもの
3	目	アイコンタクトと目付き
4	周辺言語	話し言葉に付随する音声上の性状と特徴
5	沈黙	
6	身体接触	相手の身体に接触すること
7	対人的空間	コミュニケーションのために人間が利用する空間
8	時間	文化形態と生理学の二つの次元での時間
9	色彩	

作り，相手に OK であることを伝えるような"表象動作"や，政治家の演説でよく目にする，腕を振り上げながら熱いスピーチを行う"例示動作"など多岐にわたる．

このような動きを利用して我々は自分の意思を伝えることが可能であるが，コミュニケーションの場においては相手に不快な印象を与えるような動作が発生する可能性がある．したがって，顧客が不快と感じるような仕草を事前に解析することで，顧客の深層心理を読み取ることができ，サービス設計への応用が可能となる．

一例として，サービスを提供するプロセスを観察して改善のヒントを得る方法について考える．サービスは無形の製品であるため，有形のそれと同じアプローチで改善を進めることが難しい．木暮正夫博士はサービス産業で QC が難しいと考えられる点に関連し，サービス産業の特徴を以下のように挙げている[29]．

① 無形性（サービスそのものは無形である．）

表 5.3 動作を構成する具体要素とその内容

No.	領域	内容	注意点
1	表象動作	例えば捕手が投手に示すサインなど、言葉を用いたコミュニケーションが困難な場合に用いられる動作を指す。	文化の違いにより、自身の意図する内容が誤って解釈されてしまう。例えばVサインは勝利や平和という意味で解釈されるが、場面によっては単ないなメッセージを伝えてしまう。
2	例示動作	例えばテーブルをたたきながら、熱のこもった講演を行うなど、言葉によるコミュニケーションに付随して用いられる動作を指す。	同 上
3	感情表出動作	表情を用いてメッセージを伝達する動作を指す。必ずしも表情に限定されるわけではなく、ジェスチャーなども含まれる。	自身が思ってもいない感情を相手に解釈されてしまう場面がある。例えば怒っていないのに、怒っていると解釈される。
4	言語調整動作	聞き手に対して内容が理解され、受け入れてもらえたかどうかを知らせる動作を指す。	腕組みや視線をそらすことは相手を警戒しているとか、相手の話に興味がないと判断されてしまう場面がある。
5	適応動作	例えば鼻がかゆいときに、人目がなければ鼻の穴に指を入れるが、人目があるときにはこれを控えるように、場面で適応を考えながら行う動作を指す。	歩き方や仕草によっては相手を誘惑しているとと思われるなど、誤解を招くことがある。

② 非貯蔵性（在庫をもつことはできず，生産と消費が同時である．）

③ 一過性（サービスの提供が終わると後に残らず，再現性も低い．）

④ 不可逆性（一度提供したサービスを元には戻せない．）

上記に挙げた特徴を理解し，観察を活かした改善を行う方法として，第1にサービスの提供のプロセスを記述することが必要である．例えば，表5.4に示すようなレストランでの給仕の応対プロセスについて考える．来店した顧客を席まで案内し，注文を受けるまでの流れを記述する．

次に，各プロセスに対して表5.3に示した動作の5要素を対比させ，サービスを提供している最中にどのような動作が存在するかを確認する．顧客に対して失礼な動作はないか，あるいは誤解を招くような動きをしていないかをチェックすることができる．

表5.5に示すように，来店した顧客に感謝の意味を込めて何回も頭を下げているつもりが，NVCの視点から分析すると顧客に謝罪をしているように見えてしまう場合や，予約の有無を確認する際に，目を細めて予約リストを見ているため，顧客に怒っているように感じられてしまうなど，サービスを提供している本人は意図していない感情を顧客に与えてしまう可能性が検討できる[30]．

実際に不適切なサービスが提供されてしまうと，サービスの特徴である一過性や不可逆性の性質からこれを元に戻すことはできない．また，顧客が不快に感じ取っても時間軸を戻すことはできず，結果として悪い印象を与えてしまう．したがって，サービスを提供

する前に顧客が不快に感じる可能性がある事項を分析し，それに対する改善策を考えることが，サービスの品質を考える際に重要である．問題が起きてからそれを解決するというアプローチではなく，問題が起きないようなサービス設計のアプローチが必要なのである．些細な仕草が顧客の不満へと発展しないように，NVCに関連する解析も重要な要素となる．

ここまで，サービスのプロセス改善を例としてNVCの活用方法を説明したが，この考え方は顧客要求の分析に応用することが可能である．製品の使用中に発せられる顧客のNVCから顧客の満足や不満状況を把握し，顧客が口には出さない潜在的な要求を把握することができる．

表5.4 飲食業におけるサービス提供プロセスの例

No.	お客様	給仕人	プロセスの具体化
1	来店	お客様を出迎える	お客様に挨拶をする
2	確認	お客様に声かけをする	予約の有無を確認する
			名前を確認する
			人数を確認する
3	着席	お客様をテーブルに案内する	お客様を席まで誘導する
			席の良し悪しを確認する
		水を出す	水を出す
		おしぼりを出す	おしぼりを出す
		メニューを出す	メニューを出す
		注文を受ける	注文を受ける
		注文内容を確認する	注文内容を確認する
		注文内容を調理人に伝える	注文内容を調理人に伝える
·	·		
·	·		

5.3 ノンバーバル・コミュニケーションによる顧客心理の分析　127

表 5.5　動作の構成を加味したサービス提供プロセスの検討例

No.	お客様	給仕人	プロセスの具体化	表象動作	例示動作	感情表出動作	言語調整動作	適応動作	気付き
1	来店	お客様を出迎える	お客様に挨拶をする	○					感謝の意味で頭を下げているつもりが、謝っていると解釈される。
2	確認	お客様に声かけをする	予約の有無を確認する			○			目を細めてリストを確認しているので、怒っているように見える。
			名前を確認する		○		○		お客様に正対していないので、無関心のように見える。
			人数を確認する		○				指をさして人数を確認しており、乱暴に見える。
3	着席	お客様をテーブルに案内する	お客様を席まで誘導する					○	略
			席の良し悪しを確認する				○		
		水を出す					略		
		おしぼりを出す							
		メニューを出す							
	・	・					・		
	・	・					・		

5.4 技術指向型開発へのQFDの適用

車載カメラを用いて対向車,前方車を自動感知し,ライトの照射範囲を自動制御するヘッドライトについて再度考える.この自動制御ヘッドライトシステムは,センシング技術,画像処理技術,バルブ制御技術の複合からなる.それぞれの技術レベルが十分に達しない場合にはこのヘッドライトの実現は困難だったであろうが,個々の技術が高レベルに達することで実現が可能となり,市場へ展開されたと考えられる.技術開発による単体技術が高いレベルとなり,さらにはこれらが複合されることで,いわゆる革新的な製品を実現できるケースがある.

5.2節にてVOC解析の深度に関する研究が必要であることを述べたが,他方で技術志向による製品開発によって顧客を誘導するというビジネスモデルを考えることができる.顧客が思ってもいない,あるいは実現困難だと勝手に思い込んでいた製品が市場に展開された場合には,想像以上の購買行動を期待できる.これはVOCベースによる製品開発というよりもむしろ技術ベースによる製品開発である.

現在のように商品の多様化・高度化が著しい状況では,VOCにすべてを依存して製品開発を進めるのは困難である.むしろ,自社が保有する技術を複合させながらの製品開発によって,革新的な製品が生まれる可能性がある.

QFDでは技術検討の視点として,技術展開が総合的品質展開の中に位置付けられている.技術展開の主目的はBNE(Bottle Neck

5.4 技術指向型開発への QFD の適用

Engineering)の抽出とその解決策の検討である.従来の技術展開では,二元表に整理された機構,機能,部品の現状レベルでは品質目標を実現することが困難である項目を BNE として登録し,レビュード・デンドログラムと呼ばれる Q&A の繰返しから解決策の立案をするアプローチが提案されていた[4].

しかし,BNE 技術の抽出や複合型新技術の検討を行う際には,まずは組織が有する技術そのものを表出することが必要と考えている.そして,表出された技術水準を高めることが新たなビジネスとなるのか,あるいは他の技術と複合することで新たな価値を創造できるのかを検討することが可能となる.

技術の表出化については,2.4 節で解説した技術表現に基づいて,一定の表現で整理することが可能となる[15].さらに,筆者らは表出化された技術と統計手法のリンクによって技術マップの作成による技術体系化の方法を提案している[31].この技術表現パターンを用いて,ある電気部品メーカーにおいて技術を表出化した例を,表 5.6 に示す.

(1) 他社情報を含まない技術評価

保有する技術からコア技術を検討するためには,保有技術に対する評価が必要であり,そのための評価項目を設定するとよい.

表 5.7 は,中小企業の特長を示す文献から得られた技術に関するキーワードを分類し,技術評価を実施するための項目を整理した結果である[32].技術評価には,生産の場における技術そのものの評価と,これを支えている組織的な能力の評価が必要である.した

表 5.6 表出化された技術の例

| 技術一覧 | 含浸（液状物質を侵入させる） | 封止（空気等の侵入を防ぐため密閉する） | 排気（気体や蒸気を除去する） | 分解（分子を分裂させる） | 溶射（被膜を形成する） | 塗装（塗装・膜をつくる） | メッキ（金属のそうをつくる） | 防錆処理（錆びを防ぐ，処理する） | エッチング（対象物の表面を腐食させる） | 吹付け被着（均一なそうを吹付ける） | スパッタ（原子・分子を沈着させる） | 蒸着（金属や卑金属を凝着させる） | 印刷（文字・図案を刷る） | ボンディング（半導体に導線を取り付ける） | 溶接（部位を溶かしてつなぎ合わせる） | 接合（物と物をつなぎ合わせる） | 圧着（ターミナルと電線を接続する） | ‥ | ‥ |

表 5.7 技術評価のための評価項目

		項　目	内　容
1	技術評価	独自性	他社は保有していないと考える技術
2		新規性	自社・他社も保有しない新規の技術
3		発展性	新規技術開発へ発展する要素がある技術
4		弾力性	顧客が要望する様々な条件に対応できる技術
5		市場性	需要拡大の可能性を有する技術
6	組織評価	基本的側面	日常の生産活動で必要不可欠である
7		技巧的側面	特定の能力を有する
8		研究的側面	新規技術開発への研究が進められている
9		伝承的側面	組織的に技術の伝承を必要とする

がって，表出化された技術に対する二つの側面から技術検討が実施できるように評価項目を設定している．

表 5.7 に示した項目を用いてコア技術の検討方法を考える場合には，表中に示した項目と一覧化した技術を二元表で整理し，対応関

係が多い技術はコア技術として考えることが可能であるし，対応関係の定量化から，レーダ・チャートを用いて特定の傾向をもつ技術を抽出することも可能である．

(2) 他社情報を含むコア技術評価

競合他社の技術レベルを大まかな形で把握できる場合を想定し，技術の評価方法について考える．

表5.8に示すデータは，表5.6に示した技術一覧表と自社・他社を含めた技術レベル評価の二元表である(データは仮想値である)．表中に用いられている数字は，以下を意味する．

 1：技術を保有していないと予想
 2：保有技術は存在するが，レベルは高くないと予想
 3：保有技術が存在し，レベルも高いと予想

このデータをもとに，他社も含めた技術マップを描くことが可能である．

表5.8のデータを多変量解析に含まれる主成分分析で解析し，図5.2に示すような因子負荷量とサンプルスコアの同時表示から，自社がどのような技術に強みをもっているのかを表すことができ，各社がもつ技術の全体像を知ることができる．

表 5.8 自社・他社レベルを含めた技術一覧

	圧着（ターミナルと電線を接続する）	接合（物と物つなぎ合わせる）	溶接（部位を溶かしてつなぎ合わせる）	ボンディング（半導体に導線を取り付ける）	印刷（文字・図案を刷る）	蒸着（金属や卑金属を凝着させる）	スパッタ（原子・分子を沈着させる）	吹付け被着（均一なそうを吹き付ける）	エッチング（対象物の表面を腐食させる）	防錆処理（錆びを防ぐ，処理する）	メッキ（金属のそうをつくる）	塗装（塗装・膜をつくる）	溶射（被膜を形成する）	分解（分子を分裂させる）	排気（気体や蒸気を除去する）	封止（空気等の侵入を防ぐため密閉する）	含浸（液状物質を侵入させる）
自社	1	3	1	2	3	3	2	1	2	2	1	1	1	1	1	3	1
A社	2	2	2	2	2	3	2	3	1	1	1	2	1	2	3	3	1
B社	2	1	2	1	2	1	2	2	1	1	2	3	2	3	2	3	1
C社	3	2	2	2	2	2	2	2	2	2	1	2	3	3	2	3	2
D社	2	1	1	2	2	2	2	3	1	2	1	1	3	1	2	3	3
E社	2	1	2	2	2	2	2	3	2	2	2	3	3	2	2	2	2
F社	1	1	1	2	2	1	3	2	1	2	2	1	3	1	2	2	2

(3) 技術の発展タイプによる評価

技術をベースとした新たな価値創造には，いくつかのタイプを考えることができる．図 5.3 は，シーズ技術をビジネスモデルへと発展させるタイプである．付箋に用いられる糊(のり)の事例が有名であるが，使途不明のシーズに対して用途を加えることにより，新たな価値を創造することが可能となる．

図 5.4 は，既存製品の性能では競争力に限界があるものの，これを大幅に向上することで新たな価値を創造するタイプである．例えば胃カメラを例に考えると，従来のカメラは口からの挿入が常識で

5.4 技術指向型開発への QFD の適用

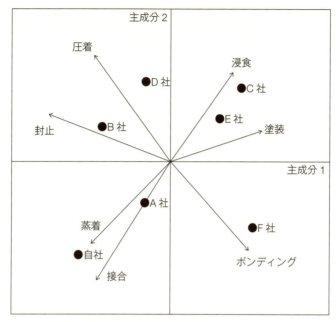

図 5.2 技術マッピングの一例

あったところ，この性能水準を大幅に向上して超細形のカメラを実現することで鼻からの挿入が可能となり，患者の苦痛を低減する検査が可能となった．

図 5.5 はタイプ 1 と類似しているが，既存製品の用途では限界が見えているものの，この用途を変えることで価値を創造するタイプである．例えば，マイクロ波は主としてレーダに使用されるものであるが，これを食べ物に照射すると調理に使えることから電子レンジという製品が生まれた．このように本来と全く異なる効果の発見

はセレンディピティ（serendipity）と呼ばれる．セレンディピティは極めて偶発性の高い製品開発となるので，これをマネジメントすることが可能であるかについては議論の余地があるものの，無視はできない．

図 5.6 は，これまでに述べてきた複数技術を複合することで新たな価値を提供するタイプである．例えば，プロジェクター技術とビデオ技術を複合したプロジェクター付ビデオカメラは，撮影した動画をその場で壁に投影できるという価値を提供している．

以上に示した技術志向型製品開発において，QFD をどのように適用するか，あるいは QFD がどの程度寄与できるかについては十分な研究がなされていない．VOC に 100％依存する形での QFD に難しさが存在する現在において，技術とのかかわりを深めることが QFD のさらなる進化に必要と考えている．

図 5.3 シーズに基づく技術の発展タイプ

5.4 技術指向型開発への QFD の適用　　135

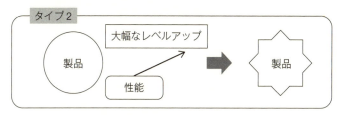

図 5.4 性能のレベルアップによる技術の発展タイプ

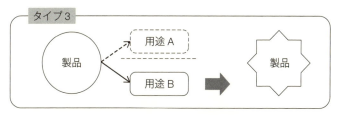

図 5.5 serendipity による技術の発展タイプ

図 5.6 複合技術による発展タイプ

5.5 QFD の ISO 化—ISO 16355 シリーズの制定

QFD の国際標準化にも新たな動きがある．QFD に関する規格として，JIS Q 9025:2003（マネジメントシステムのパフォーマンス改善—品質機能展開の指針）がある．JIS Q 9025 は QFD に対する我が国の考えが強く反映された規格であり，第 2 章で解説した総合的品質機能展開の内容が網羅されている．

そして，統計的方法を主とした規格作成を行う TC 69 技術委員会（TC は Technical Committee の略称）で QFD の ISO 化作業が開始された．米国 QFD Institute の Glenn Mazur 氏をコンビナー（作業リーダー）として精力的な作業が行われ，その一部が 2015 年に ISO 16355 シリーズ（標題訳：新技術と製品開発のための統計的手法の応用）としての発行につながった．QFD と強く関係のある ISO 16355 シリーズは，以下に示すとおりである．

- ISO 16355-1:2015（QFD の一般原理及び全体像）
- ISO 16355-2:2017（消費者の声及び利害関係者の声の収集のための非定量的アプローチ）
- ISO 16355-4:2017（非定量的及び定量的消費者の声及び利害関係者の声の分析）
- ISO 16355-5:2017（ソリューション戦略）
- ISO/TR 16355-8:2017（商業化及びライフサイクルの指針）

特に ISO 16355-1 は QFD の一般指針が示されているが，規格で強調されている事項として，次の内容がある[33], [34]．

5.5 QFD の ISO 化

(1) VOB (Voice of Business) の重視

新製品の市場投入による利益、経営資源の有効利用、市場の発展状況、競争優位性などの情報を総称して VOB と呼んでいる。これまでの QFD では VOC を最重視してきたが、真の顧客満足を得るためには QFD プロジェクトが有する目的を達成する必要があり、この目的は企業の事業戦略と密接な関係がある。したがって、QFD と方針管理などの経営戦略ツールとの融合を図り、戦略的に QFD を実施することが必要とされている。

(2) 現場観察の重視

スピーディーに問題解決を行い、さらには顧客の不満を解消するために、まず実際の現場を観ることが重要である。ISO 16355 では、現場観察をサポートするツールが提示されている。また、"Gemba (ゲンバ)" という表現が規格に用いられていることに注目したい。品質管理では 3 現主義 (現場・現物・現実) を問題解決において重視してきた。この精神が改めて国際規格に記述されている。

(3) QFD に費やす時間と効果

大量の二元表を作成するためには、時間と手間を要する。重要視する顧客要求が既知であるならば、これを解決する手段と実行計画を立案すべきであり、これを整理するツールとして、"Maximum value table" と称される方法が示されている。

（4）市場要求の把握

顧客要求よりも上位概念に相当する，顧客が受ける恩恵と製品の独自性を Market requirement と称し，これを製品仕様へと落とし込む必要性が示されている．また，これをサポートするツールとして "Cause-to-effect and effect-to-cause diagrams" が示されている．

（5）AHP の利用

従来の QFD は，重要度評価に 1〜5 などの数値を用いている．この尺度は順序尺度と呼ばれ，数学的には四則演算に適さないといわれている．これを回避するために AHP（Analytic Hierarchy Process）という計算を用いることが示されている．

AHP によって算出された重要度は四則演算に適しているが，算出そのものに時間と手間がかかるデメリットがある．重要度の計算に厳密な数学的処理を求めるかどうかは議論の余地があるものの，これまではあまり議論されていなかった領域に対して規格が定められていることを無視できない．

以上で ISO 16355 に示された内容の一部を述べたが，これまでにはない新たな概念が用いられていることに気付く．ISO 16355 と JIS Q 9025 の整合をどうするのかという今後の課題は残るものの，QFD の ISO 化によって，進化した QFD が国際規格として制定されたことは注目に値する．

5.6　システム思考とデザイン思考

　QFDでは情報の因果連鎖を意識して情報の整理整頓が行われるので，論理的思考の強い方法論といえる．これは技術者に求められる資質とも合致するため，設計・開発での活用に注目が集まっている．論理的思考による製品開発は，曖昧な情報処理を許容しないため，確実な品質保証を進めるために重要な事項である．

　しかし，論理的思考ばかりに偏っていては，魅力的要素を含む製品や他社製品との競争優位性を築く製品の開発には至らない．いわゆる当たり前の性格の強い情報だけを二元表で整理してしまい，斬新なアイデアの創出に至らないのである．魅力的な製品を開発するためにQFDをどのように適用すればよいかという質問を受けることがあるが，そのためには技術者に"ひらめき"を創出する能力・資質が求められ，そのトレーニングが必要になるであろう．

　米国で副大統領の首席スピーチライターを務めたダニエル・ピンク氏（Daniel H. Pink）はその著書において，新しいことを考え出す人間がこれからの社会で生き残れると主張し，そのために必要な六つの感性として"デザイン"，"物語"，"調和"，"共感"，"遊び"，"生きがい"を提示している[35]．著書の最後にはこれからの成功者と脱落者を分ける三つの自問として，以下の問いを我々に与える．

　① この仕事はほかの国ならもっと安くできるか？
　② この仕事はコンピュータならもっと早くできるか？
　③ 自分が提供しているものは，豊かな時代の非物質的で超越した欲望を満足させられるか？

近年では AI（人工知能）の研究が発展することにより，人間が行う仕事のほとんどをコンピュータが行ってしまうといわれており，これは同氏の主張とも合致する．すなわち，知的生産性の高い人材が今後の時代では強く求められ，論理的思考力に加え，創造的思考力が求められるのを意味する．製品開発においても，新しいことを生み出す開発者が必要とされることから，今まで以上に技術者の感性を高めるトレーニングが必要となる．

人間の思考力を高めるトレーニングは一時期にブームとなった．右脳のトレーニングや創造的思考法に関する文献が多数出版されており，多くの著者が独自の主張を繰り返している．人間の思考に対する研究は今後も続くと思われるが，そのキーワードの一つが"システム思考"と"デザイン思考"である．前者は論理的な思考を意味し，後者が創造的思考を意味している．図 5.7 に，システム思考

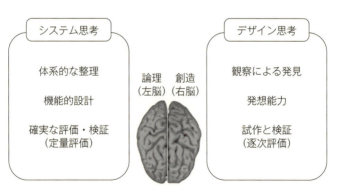

図 5.7 システム思考とデザイン思考の対比
［前野[36]をもとに筆者が作成］

5.6 システム思考とデザイン思考

とデザイン思考の対比イメージを示す．各項目は対峙の関係にあり，両者のバランスのとれた人材の必要性が主張されている．決してデザイン思考だけを強化する主張ではないことに注意したい．

創造的思考については一時のブームも影響し，様々な主張がなされてきた．しかし，これらはいずれも概念的な性格が強く，さらには右脳強化を中心とした創造的思考を高めるための記述が中心であったため，システム思考とデザイン思考の融合に至る体系的な研究がなされていなかった．これについて，前野は SDM（System Design Management）と呼ばれる考えを提唱し，システム思考とデザイン思考の調和を図るツールを整備した[36]．表 5.9 に，SDM で整理されている 16 のツールボックスを示す．

表 5.9 において，ブレーンストーミングや親和図法は品質管理ともなじみの深いツールである．しかし，それ以外に品質管理分野でなじみのないツールもある．第 4 章では QFD を自由に使いこなすためのトレーニングとして QFD 構想図の作成方法を説明したが，手順に示した内容はまさに論理的思考に基づいている．

QFD のトレーニングにおいてデザイン思考の要素をどのように組み合わせるかは今後の研究課題となるが，とかく論理的思考ばかりが強調される QFD に対して新たな思考を加えることで，さらなる進化を期待できる．

表 5.9 SDM のツールボックス[36]

	発想		観察	試作と検証
	発散	収束		
① ブレーンストーミング	○			
② 親和図法	○	○		
③ シナリオグラフ	○	○		
④ 2軸図	○	○		
⑤ 構造シフト発想法	○	○		
⑥ フィールドワーク	○		○	
⑦ バリューグラフ	○	○		
⑧ イネーブラー・フレームワーク		○		○
⑨ 因果関係ループ図	○	○		
⑩ 顧客価値連鎖分析		○		
⑪ 欲求連鎖分析		○		○
⑫ ピュー・コンセプト・セレクション	○	○		○
⑬ プロトタイピング	○	○		
⑭ 手書きの図	○	○	○	○
⑮ ストーリーテリング		○		○
⑯ 即興	○	○	○	○

5.7 本章のまとめ

本書のまとめに代えて，QFD が有する課題を整理した．特に，今後は技術戦略に基づく製品開発の重要性が増すと思われることから，技術情報の整理方法や競争優位性を築くための考え方に触れた．

さらには，技術者としてこれから求められる能力・資質を考え，デザイン思考について解説した．また，QFD に関する最新の情報である ISO 16355 シリーズの解説を行い，これまでにない新たな事項が国際規格として制定されたことを紹介した．

あ と が き

まえがきにQFDと接して20年以上が経過したと記したが，実のところQFDの効用についてどうしても理解できないことがあり，QFD研究から遠ざかった時期があった．なぜ技術者は苦労をして二元表を作るのか，さらには二元表を作ったところでどれほどの効果があるのか，当時，企業とのお付き合いが少なかった筆者にはどうしても理解できなかったのである．

その後，学会やシンポジウムでQFDの適用事例を聞き，さらにはQFD研究会に参加させていただいたことで，企業でQFDを推進する第一線の方々から生の声を聴かせていただいた．悩みがある部分は共に研究をして解決し，さらには新しい理論を提供する経験をさせていただいた．また，QFDのJIS化プロジェクトの作業グループに入れていただき，規格作成の一連を学ばせていただいた．振り返れば，これまでの経験にすべてQFDが絡んでいるのである．

今日では，社内研修の講師として声をかけていただく機会も増えた．研修を通じてQFDに対するこれまでの誤解を説明しながら，筆者なりにQFDの理論を体系的に説明できるようになった．一時期は距離をおいたといえ，多くの方に出会うきっかけがQFDであったことに感謝したい．

近年はAI（人工知能）やIoT（Internet of Things）といった言葉を多く耳にする．これらの研究が発展すれば，二元表を技術者が作成しなくてもよい時代が来るかもしれない．筆者らはかつてデー

タベースとしての QFD として，設計者が設計目標値を入力した時点で，即座にその妥当性がデータベース情報を参照して回答されるシステムの構築を主張したが，当時は夢物語だといわれた．しかし，今や現実となっている．それほどに早いスピードで技術は発展している．したがって，QFD そのものもこのスピードに後れを取らないようにしなければ，化石の方法論となってしまう．いつまでも二元表にこだわるのかという議論も含め，時代の変化に応じて進化させていく必要がある．

QFD のルーツは，工程での確実な品質保証を実施するために考案されたブリヂストンタイヤによる工程保証項目一覧表にある．これに社外に対する保証項目を付与し，さらには品質表の登場によって，QFD は設計・開発での品質保証をサポートする方法論として進化した．その後，目的に応じた様々な二元表の構成が検討され，さらには他の管理工学技法との融合が研究され，QFD は自由度の高い方法論となった．

本書の執筆を終えて，自分の気持ちは一段落すると思っていたが，最終章で QFD が有する課題を整理しているうちに，まだまだ研究をしなければならないことに改めて気が付いた．これからも QFD が円滑なものづくりを支える方法論として進化し，存続することを強く願っている．関係者のさらなるお力添えをいただきながら，粛々と研究活動に取り組んでいく所存である．

引用・参考文献

1) 日本品質管理学会規格(2015)：プロセス保証の指針 JSQC-Std 21-001, 日本品質管理学会
2) 日本科学技術連盟(2015)：品質機能展開とは，品質機能展開セミナー基礎編テキスト
3) JIS Q 9025:2003　マネジメントシステムのパフォーマンス改善—品質機能展開の指針
4) 赤尾洋二(1990)：品質展開入門，日科技連出版社
5) 赤尾洋二ほか(1990)：品質展開法(1)，日科技連出版社
6) 赤尾洋二(1972)：新製品開発と品質保証—品質展開のシステム—，標準化と品質管理，Vol.4, 日本規格協会
7) 赤尾洋二・山田良治(1977)：品質展開システムとそのケース・スタディ，品質，Vol.7, No.3, 日本品質管理学会
8) 高柳昭(1973)：当社における受注生産の品質管理(その1)　受注製品の品質管理活動—品質表について，品質管理，Vol.23, 5月臨時増刊号，日科技連出版社
9) 赤尾洋二ほか(1983)：コスト・信頼性・技術を含めた品質展開(その1)，品質，Vol.13, No.3, 日本品質管理学会
10) 赤尾洋二ほか(1983)：コスト・信頼性・技術を含めた品質展開(その2)，品質，Vol.13, No.3, 日本品質管理学会
11) 水野滋(1976)：品質機能の展開，品質，Vol.6, No.2, 日本品質管理学会
12) 永井一志・大藤正(2008)：第3世代のQFD，日科技連出版社
13) 日科技連QFD研究部会編(2009)：第3世代のQFD事例集，日科技連出版社
14) 村田富次郎(1983)：技術とは何だろう，アグネブックス
15) 大藤正ほか(1997)：QFDガイドブック，日本規格協会
16) 吉澤正ほか(2004)：持続可能な成長のための品質機能展開，日本規格協会
17) 石原勝吉(1991)：新編　現場のVEテキスト，日科技連出版社
18) 大藤正ほか(1994)：品質展開法(2)，日科技連出版社
19) 小野道照・永井一志(1992)：信頼性展開に関する一考察，日本品質管理学会第41回研究発表会要旨集，日本品質管理学会
20) 例えば，赤尾洋二・吉澤正 監修(1998)：実践的QFDの活用，日科技連

出版社

21) Glenn H. Mazur, Andrew Bolt（1999）：*Jurassic QFD*, Transactions of the 11th Symposium on Quality Function Deployment
22) 前川久志(2008)：QFD 活用による品質を基軸とした経営，クオリティマネジメント，Vol.59, No.5, 58-67
23) QFD セミナー実践コース運営委員会編(2016)：QFD セミナー実践コーステキスト，日本科学技術連盟
24) 水野滋・赤尾洋二(1978)：品質機能展開，日科技連出版社
25) 赤尾洋二(2010)：品質機能展開，品質，Vol.40, No.1, 37-40
26) 赤尾洋二(2010)：商品開発のための品質機能展開，日本規格協会
27) 川上智子(2005)：顧客志向の新製品開発，有斐閣
28) Marjorie Fink Vargas（1986）：*Louder Than Words*, The Iowa State University Press.
 邦訳『非言語コミュニケーション』，石丸正 訳，新潮選書，1987 年
29) 木暮正夫(1988)：日本の TQC，日科技連出版社
30) K. Nagai, et al.（2013）：*A Study of Service Quality Improvement Using the Theories of Nonverbal Communication, FMEA and QFD*, Proceedings of ISQFD2013, 61-70
31) K. Nagai, et al.（2011）：*A study of Technology Deployment using Company's Possession Technology*, Proceedings of ISQFD2013
32) 例えば片岡・橋本編(1996)：創造的中小企業，日刊工業新聞社
33) ISO 16355：2015 Application of statistical and related methods to new technology and product development process, Part 1：General principles and perspectives of Quality Function Deployment（QFD）
34) Glenn H. Mazur（2016）：*Keeping up with Global Best Practice：ISO 16355*, Proceedings of ISQFD2016
35) Daniel H. Pink（1986）：*A Whole New Mind*, Riverhead Books
 邦訳『ハイコンセプト』，三笠書房，2005 年
36) 前野隆司(2014)：システム×デザイン思考で世界を変える，日経 BP

索　引

アルファベット

AHP　138
B2B　22
B2C　22
BNE　53, 128
BOC　120
Cause-to-effect and effect-to-cause diagrams　138
DR　28, 86
FMEA　36, 68
FTA　36, 68
FT展開表　69
ISO 16355シリーズ　136
JIS Q 9025　37, 136
NVC　121
QA表　45, 87
QC工程表　45, 87
QFD　9, 19, 31
　——構想図　84, 91
　——構想図の作成方法　103
　——第1世代　113
　——第2世代　114
　——第3世代　116
SDM　141
SQC　18
TC69　136
TQC　19
TQM　19
VC　121
VE　36, 60
VOB　137
VOC　23, 119

か

過去トラ　69

き

技術作用　53
技術指向型開発　128
技術展開　35, 128
技術の表出化　59
技術評価　57
技術マッピング　133
機能展開表　61
業務機能展開　21

け

原価企画　63
言語コミュニケーション　121

こ

工程管理項目　41, 44
工程設計　43
コスト展開　35, 60

さ

サービス　123
　——設計　123
3現主義　137

し

システム思考　139
重要度の変換　25
順序尺度　138
詳細設計　43
信頼性企画　72
信頼性工学　36
信頼性展開　35, 68

せ

製造品質　17
設計品質　17
セレンディピティ　134
全体設計　41

そ

総合的QFD　35
総合的品質機能展開　35

て

デザイン思考　139

と

独立配点法　26

に

二元表　12

――作成の工数　30

の

ノンバーバル・コミュニケーション　121

ひ

非言語コミュニケーション　121
品質機能　20
――展開　20
品質展開　21, 35, 39
品質特性　39, 44
品質表　12

ふ

部品特性　44
部品の品質特性　44
プロセス　104

ほ

ボトルネック技術　53

も

目標売価　65
目標利益　65

よ

要求品質　44

JSQC選書28

品質機能展開（QFD）の基礎と活用
製品開発情報の連鎖とその見える化

2017 年 9 月 15 日　　第 1 版第 1 刷発行
2022 年 5 月 30 日　　　　　第 4 刷発行

監 修 者　一般社団法人　日本品質管理学会
著　 者　永井　一志
発 行 者　朝日　弘
発 行 所　一般財団法人　日本規格協会
　　　　　〒 108-0073　東京都港区三田 3-13-12　三田 MT ビル
　　　　　　　　　　　https://www.jsa.or.jp/
　　　　　　　　　　　振替　00160-2-195146

製　 作　日本規格協会ソリューションズ株式会社
制作協力・印刷　日本ハイコム株式会社

© Kazushi Nagai, 2017　　　　　　　　　　　　　　Printed in Japan
ISBN978-4-542-50484-4

●当会発行図書，海外規格のお求めは，下記をご利用ください．
　JSA Webdesk（オンライン注文）：https://webdesk.jsa.or.jp/
　電話：050-1742-6256　E-mail：csd@jsa.or.jp

JSQC選書

JSQC(日本品質管理学会) 監修

1	**Q-Japan** よみがえれ，品質立国日本	飯塚　悦功　著
2	**日常管理の基本と実践** 日常やるべきことをきっちり実施する	久保田洋志　著
3	**質を第一とする人材育成** 人の質，どう保証する	岩崎日出男　編著
4	**トラブル未然防止のための知識の構造化** SSM による設計・計画の質を高める知識マネジメント	田村　泰彦　著
5	**我が国文化と品質** 精緻さにこだわる不確実性回避文化の功罪	圓川　隆夫　著
6	**アフェクティブ・クォリティ** 感情経験を提供する商品・サービス	梅室　博行　著
7	**日本の品質を論ずるための品質管理用語 85**	日本品質管理学会 標準委員会　編
8	**リスクマネジメント** 目標達成を支援するマネジメント技術	野口　和彦　著
9	**ブランドマネジメント** 究極的なありたい姿が組織能力を更に高める	加藤雄一郎　著
10	**シミュレーションと SQC** 場当たり的シミュレーションからの脱却	吉野　　睦 仁科　　健　共著
11	**人に起因するトラブル・事故の未然防止と RCA** 未然防止の視点からマネジメントを見直す	中條　武志　著

日本規格協会　　https://webdesk.jsa.or.jp/

JSQC選書

JSQC(日本品質管理学会) 監修

12	**医療安全へのヒューマンファクターズアプローチ** 人間中心の医療システムの構築に向けて	河野龍太郎 著
13	**QFD** 企画段階から質保証を実現する具体的方法	大藤　正 著
14	**FMEA 辞書** 気づき能力の強化による設計不具合未然防止	本田 陽広 著
15	**サービス品質の構造を探る** プロ野球の事例から学ぶ	鈴木 秀男 著
16	**日本の品質を論ずるための品質管理用語 Part 2**	日本品質管理学会 標準委員会 編
17	**問題解決法** 問題の発見と解決を通じた組織能力構築	猪原 正守 著
18	**工程能力指数** 実践方法とその理論	永田　靖 棟近 雅彦 共著
19	**信頼性・安全性の確保と未然防止**	鈴木 和幸 著
20	**情報品質** データの有効活用が企業価値を高める	関口 恭毅 著
21	**低炭素社会構築における産業界・企業の役割**	桜井 正光 著
22	**安全文化** その本質と実践	倉田　聡 著

日本規格協会　　https://webdesk.jsa.or.jp/

JSQC選書

JSQC（日本品質管理学会） 監修

23	**会社を育て人を育てる品質経営** 先進，信頼，総智・総力	深谷　紘一　著
24	**自工程完結** 品質は工程で造りこむ	佐々木眞一　著
25	**QC サークル活動の再考** 自主的小集団改善活動	久保田洋志　著
26	**新 QC 七つ道具** 混沌解明・未来洞察・重点問題の設定と解決	猪原　正守　著
27	**サービス品質の保証** 業務の見える化とビジュアルマニュアル	金子　憲治　著
28	**品質機能展開（QFD）の基礎と活用** 製品開発情報の連鎖とその見える化	永井　一志　著
29	**企業の持続的発展を支える人材育成** 品質を核にする教育の実践	村川　賢司　著
30	**商品企画七つ道具** 潜在ニーズの発掘と魅力ある新商品コンセプトの創造	丸山　一彦　著
31	**戦略としてのクオリティマネジメント** これからの時代の"品質"	小原　好一　著
32	**生産管理** 多様性と効率性に応える生産方式とその計画管理	髙橋　勝彦　著
33	**海外進出品質経営による成長戦略** グローバル中堅企業 100 年の軌跡	中尾　　眞　著

日本規格協会　　https://webdesk.jsa.or.jp/